BIBLIOTHÈQUE DE L'AGRICULTEUR PRATICIEN
Encouragée par S. Exc. le Ministre de l'Agriculture

ÉDUCATION

DES

POULES ET POULETS

DINDONS, OIES ET CANARDS

PAR

ALEXIS ESPANET

2ᵉ ÉDITION, CORRIGÉE ET AUGMENTÉE

PARIS

LIBRAIRIE CENTRALE D'AGRICULTURE ET DE JARDINAGE

RUE DES ÉCOLES 62 (ancien 82), PRÈS LE MUSÉE DE CLUNY

— Auguste **GOIN**, éditeur —

Auguste GOIN, Editeur et Commissionnaire, à Paris

RUE DES ÉCOLES, 62 (ANCIEN 82), PRÈS DU MUSÉE DE CLUNY

Anciennement QUAI DES GRANDS-AUGUSTINS, 41

LIBRAIRIE CENTRALE
D'AGRICULTURE ET DE JARDINAGE

FONDÉE EN 1853

CATALOGUE GÉNÉRAL

1er MARS 1869.

NOTA. — Tous les ouvrages composant le présent Catalogue sont expédiés *franco* sans augmentation des prix marqués, sur demande affranchie. — En outre de l'envoi *franco* il est fait 5 p. 100 de remise sur les commandes de 31 à 50 fr. et 10 p. 100 sur celle de 51 fr. et au delà. — *Sont exceptés de ces conditions les abonnements aux journaux, sur lesquels il n'est fait aucune réduction.*— Je me charge de fournir aux conditions détaillées ci-dessus les ouvrages de **Droit**, de **Littérature ancienne et moderne**, de **Médecine**, de **Sciences diverses**, etc. — Les demandeurs sont priés de joindre à leur commande un mandat de poste égal à la valeur des ouvrages demandés.

Bibliothèque de l'Agriculteur pratique

Encouragée par Son Excellence le Ministre de l'Agriculture.

Abeilles (*Culture des*), par l'abbé FLOQUET. 1 vol. in-18.　　1 fr.

Abeilles. Leur éducation, par A. ESPANET. In-18.　　40 c.

Abeilles. — Le Guide du propriétaire d'abeilles, par l'abbé COLLIN, 3ᵉ édit. 1 vol. in-18 et 2 planches.　　2 50

Agriculteur praticien (*L'*), *Revue de l'agriculture française et étrangère*, 16ᵉ année. Prix de l'abonnement.　　6 fr.

Agriculture. Quelques observations pratiques, par BODIN. In-18. 15 c.

Agronomie. — Études théoriques et pratiques d'agronomie et de physiologie végétale, par Isidore PIERRE, doyen de la Faculté des sciences de Caen. 3 vol. in-18. (*Sous presse*.)

Iᵉʳ *Volume* : **Sol — Engrais — Amendements** (*est paru*). 3 50

IIᵉ *Volume* : **Plantes fourragères, Graines et produits dérivés** (*est paru*).　　3 50

Approuvé par la Commission des Bibliothèques scolaires.

Almanach de l'Agriculteur praticien pour 1869. 13ᵉ année. 1 vol. in-18 avec de nombreuses fig.　　50 c.

Les années 1857 à 1868, chaque.　　50 c.

Analyse chimique appliquée à l'agriculture (*Notions élémentaires d'*), par Isidore PIERRE. 1 vol. in-18 avec fig.　　2 50

Approuvé par la Commission des bibliothèques scolaires.

Animaux domestiques, reproduction, amélioration et élevage, par DE WECKHERLIN. In-18.　　2 fr.

Apiculture productive et pratique, selon la méthode de M. Amédée MAUGET, par Adolphe DE BOUCLON. 1 vol. in-18.　　3 50

Basse-Cour. — Poules, Oies, Canards, Pintades, Dindons, Pigeons, par le baron PEERS, 2ᵉ édit. 1 vol. in-18 et planches.　　1 75

Basse-Cour et Lapin. Traité complet de l'élève et de l'engraissement des animaux de basse-cour et du lapin, par YSABEAU. 1 vol. in-18. 75 c.

Bétail (*De l'alimentation du*), aux points de vue de la production, du travail, de la viande, de la graisse, de la laine, du lait et des engrais, par Isidore PIERRE, 3ᵉ édition. 1 vol. in-18.　　2 50

Bêtes bovines (*Traité des*), par WECKHERLIN. 1 vol. in-12.　　3 50

Bêtes ovines (*Traité des*), par WECKHERLIN. 1 vol. in-12.　　3 50

Bêtes ovines (*Des*) et des **Chèvres**, par YSABEAU. 1 vol. in-18. fig. 75 c.

Chaux, Marne et Calcaires coquilliers. Leur emploi pour l'amendement du sol, par Isidore PIERRE, 2ᵉ édition. In-18.　　50 c.

Cheval. — Principes sommaires de l'élevage du cheval, dédiés aux élèves adultes des Écoles rurales ; jeunes cultivateurs ; enseignement professionnel, par le major BASSERIE. 1 vol. in-18.　　1 fr.

Chevaux. — Conseils aux éleveurs, par Ch. DU HAYS. 1 vol. in-18 avec figures.　　3 50

Chiens. — Les maladies des chiens et leur traitement, par HERTWIG, professeur à l'École vétérinaire de Berlin, 2ᵉ édit. 1 vol. in-18.　　3 50

Cultivateur anglais (*Le*). Théorie et pratique de l'agriculture, par MURPHY, trad. de l'angl. sur la 5ᵉ édit. par SANREY. In-18. Fig.　　1 50

Approuvé par la Commission des Bibliothèques scolaires.

Dindons et Pintades, par MARIOT-DIDIEUX. 1 vol. in-18.　　75 c.

Drainage. L'Art de tracer et d'établir les drains, par GRANDVOINNET. 1 vol. in-18 avec 160 figures.　　3 fr.

Drainage. Résumé d'un cours pour les cultivateurs, par HERNOUX, ingénieur. In-18. Fig.　　1 fr.

Drainage. — Traité de Drainage, ou assainissement des terrains humides, par J. LECLERC, 3ᵉ édit. 1 vol. in-18 orné de 130 fig.　　3 50

Engrais de mer : *Tangues, Merl, Goëmons, Débris divers de poissons, Guanos,* etc. — Etudes sur ces engrais, par Isidore **Pierre**. 2e édit. 1 vol. in-18.   2 50

Approuvé par la Commission des bibliothèques scolaires.

Engrais en général (*Des*), suivi de la manière de traiter les matières fécales, par **Greff**, 2e éd. in-18. Fig.   50 c.

Fourrages. — Recherches sur la valeur nutritive des fourrages, par Isidore **Pierre**. 3e édit. 1 vol. in-18.   2 50

Approuvé par la Commission des bibliothèques scolaires.

Fumier. — Plâtrage et sulfatage du fumier et désinfection des vidanges, par Isidore **Pierre**, 3e édit. In-18.   50 c.

Approuvé par la Commission des Bibliothèques scolaires.

Guano du Pérou. Comp., falsification, emploi et effets. In-18. 30 c.

Instruments aratoires (*Des*) **et des travaux des champs**, par **Ysabeau**. 1 vol. in-18, fig.   75 c.

Irrigation (*Manuel d'*), par **Deby**. In-18 avec 100 fig.   1 50

Irrigation (*Petit Traité des*), par James **Donald**, traduit par A. **de Frarière**. In-18 avec fig.   50 c.

Lapin domestique (*Traité pratique de l'éducation du*), par F. Alexis **Espanet**, 4e édit. 1 vol. in-18 avec figures.   1 fr.

Maïs (*Alcoolisation des tiges du*) et du **Sorgho sacré**. **Alcool**. — **Cidre**. — **Bière**. — **Vins artificiels**, par **Duret**. In-18.   75 c.

Matières fertilisantes. — Guide pratique du cultivateur pour le choix, l'achat et l'emploi des matières fertilisantes. Origine, composition, valeur, effets, durée, modes d'emploi, prix, garanties, recours en cas de fraude, etc., par A. **Dudouy**. 1 vol. in-18 avec fig.   2 50

Approuvé par la Commission des Bibliothèques scolaires.

Médecine vétérinaire. — Manuel de médecine vétérinaire, par **Verheyen**, **Defays** et **Husson**. 1 vol. in-18.   2 50

Pigeons (*De l'éducation des*), **Oiseaux** de luxe, de volière et de cage, par A. **Espanet**. 2e édit. 1 vol. in-18 avec figures.   1 fr.

Plantes fourragères (*Traité pratique de la culture des*), par **de Thier**, 2e édit. revue et augmentée par A. **Leroy**. 1 vol. in-18.   1 fr.

Approuvé par la Commission des bibliothèques scolaires.

Porcs (*Du traitement des*) aux différentes époques de l'année. Extrait des meilleurs ouvrages anglais, par J. A. G. In-18 avec 32 fig.   1 25

Porcheries (*De l'établissement des*), dispositions diverses, construction, par J. **Grandvoinnet**. 1 vol. in-18 orné de 95 fig.   2 50

Poules et Poulets (*Education des*), **Dindons**, **Oies** et **Canards**, par Alexis **Espanet**. 2e édit. 1 vol. in-18 avec fig.   1 fr.

Prairies. — Culture, formation, entretien, amélioration, renouvellement, etc., par P. **de Moor**. 1 vol. in-18, orné de 67 fig.   1 25

Profits (*Les*) en agriculture, par Pierre **Méheust**. In-18.   1 50

Races bovines (*De l'amélioration des*) en France, et particulièrement dans les départements de l'Est, par **Saint-Ferjeux**. 2e édit.   1 fr.

Récoltes dérobées (*Des*), comme fourrages et engrais verts, et culture de la *Moutarde blanche*, trad. de l'angl. par J. A. G. In-18. Fig. 75 c.

Sang de rate des animaux d'espèces ovine et bovine, par Isidore **Pierre**. In-18.   1 fr.

Couronné par la Société protectrice des animaux.

Semailles en ligne (*Des*) **et des Semoirs mécaniques**, par F. **Georges**. In-8o. (Extrait de l'*Agriculteur praticien*.)   50 c.

Sorgho à sucre (*Guide du distillateur du*), par **Bourdais**. In-18. 1 fr.

Stabulation (*De la*) de l'espèce bovine, par le baron **Peers**. In-18. 1 25

Topinambour. — Culture, alcoolisation et panification de ce tubercule, par Delbetz. 1 vol. in-18. 1 25
Approuvé par la Commission des bibliothèques scolaires.
Végétaux (*De la nutrition des*) considérée dans ses rapports avec les assolements, par le baron de Babo. 1 vol. in-18. 1 fr.
Vers à soie (*Guide de l'éleveur de*), par MM. Guérin-Méneville et Eugène Robert. 1 vol. in-18 avec figures. 75 c.
Vigne (*Nouvelle Culture de la*) en plein champ, sans échalas ni attaches, par Trouillet, 4e édit. In-18 avec 15 gravures. 2 50
Vigne (*Régénération de la*) par une nouvelle plantation, par E. Trouillet, 2e édition. In-18. 75 c.
Vinification. — Traité pratique, par E. Ray, 2e édit. In-18 1 25
Visite à un véritable agriculteur praticien, par Durand-Savoyat, propriétaire-cultivateur. 1 vol. in-18. 1 25

Abeilles, Agriculture, Amendements, Bois, Cubage, Economie rurale, Fumiers, Oiseaux de basse-cour, etc.

Abeilles (*Asphyxie momentanée des*). Moyens de la pratiquer, ses avantages et ses inconvénients, par Hamet. In-18 orné de 10 fig. 50 c.
Abeille (*L'*) **italienne des Alpes.** Exposé sur l'art d'élever les reines italiennes de pure race, de les centupler en peu de mois, et de transformer en ruches italiennes les ruches communes, par Hermann. In-18. 1 fr.
Agriculteur praticien. — Manuel d'agriculture, par Victor Ray. 1 vol. in-18. 2 fr.
Agriculture. — Les lois naturelles de l'agriculture, par J. Liebig. 2 vol in-8º. 10 fr.
Agriculture élémentaire, théorique et pratique. à l'usage des écoles primaires, par A. Lagrue. 6e édit., 1 vol. in-18, fig., cart. 1 30
Agriculture moderne (*Lettres sur l'*), par J. Liebig. 1 vol. in-18. 3 50
Agriculture (*Traité d'*), publié sur le manuscrit de l'auteur, par de Meixmoron de Dombasle. 5 vol. in-8º. 80 fr.
Agriculture pratique (*Manuel d'*), par Papillaud. 1 vol. in-18 orné de 84 figures. 2 fr.
Agriculture pratique et raisonnée, par John Sinclair, traduit de l'anglais par Mathieu de Dombasle, 1825. 2 vol. in-8º accompagnés de 9 planches. (Exemplaires reliés et brochés.) 15 fr.
Agriculture romaine. — Fragments d'études sur l'agriculture romaine (extraits des auteurs latins), par Isidore Pierre. 1 vol. in-18. 1 50
Agronomie. — Recherches sur divers sujets d'agronomie et de chimie appliquée à l'agriculture, par Isidore Pierre. 2 vol. in-8º. 8 fr.
Agronomie, Chimie agricole et Physiologie, par Boussingault, 2e édit. 4 vol. in-8º accompagnés de 6 planches. 20 fr.
Amendements (*Traité des*). Marne, chaux, diverses espèces d'amendements, par Puvis, 2e édit. 1 vol. in-12. 3 50
Analyses chimiques, comprenant toutes les analyses des substances végétales, des fumiers naturels ou artificiels, des amendements de toute espèce, d'eaux domestiques et d'eaux d'irrigation, par Emile Gueymard, 1 vol. in-8º. 5 fr.
Animaux (*Recherches expérimentales sur l'alimentation et la respiration des*), par J. Allibert. In-8º. 1 50
Apiculteurs. — La cave des apiculteurs, par le R. P. Babaz. 1 vol. in-18. 2 fr.
Apiculture (*Cours pratique d'*), professé au jardin du Luxembourg par Hamet. 3e édit. 1 vol. in-18 orné de 114 fig. et de 9 pl. 3 50

Apiculture. — Mémoire à l'aide duquel on peut cultiver en toute saison 300 ruchées, les multiplier sans perte d'essaims et sans nuire au couvain des souches, etc., par GRANDGEORGE. In-18 de 88 pages. 2 fr.

Apiculture perfectionnée, ou Théorie et application pratique de la direction des rayons, par J. GRÉSLOT. 1 vol. in-12 avec planches. 1 50

Arbres (*Physique des*), ou Traité de leur anatomie et de l'économie végétale, par DUHAMEL DU MONCEAU. 2 vol. in-4°, fig. (*D'occasion*.) 20 fr.

Arbres et Arbustes (*Traité des*) qui se cultivent en France en pleine terre, par DUHAMEL DU MONCEAU. 2 vol. in-4°, fig. (*D'occasion*.) 25 fr.

Arbres et leur culture (*Semis et plantation des*), par DUHAMEL DU MONCEAU. 1 vol. in-4°, fig. (*D'occasion*.) 12 fr.

Atmosphère, Sol, Engrais, par BOBIERRE. 1 gros vol. in-18. 5 fr.

Basse-Cour, Pigeons et Lapins, par Mme MILLET. 4e édit. fig. 1 25

Bergeries. — Dispositions diverses, constructions, etc., par J. GRANDVOINNET. 1 vol. in-18 orné de 169 gravures. 5 fr.

Bétail. — Économie du bétail, par SANSON. 4 vol. in-18, fig. 14 fr.

Bêtes à laine. — Manuel de l'éleveur, par VILLEROY. 1 vol. in-18, 54 fig. 3 50

Bêtes bovines (*L'éleveur de*), par VILLEROY. In-18 et fig. 1 25

Bœuf. — Engraissement du bœuf, par VIAL. In-18, fig. 1 25

Bois (*De l'Exploitation des*), par DUHAMEL DU MONCEAU. 2 vol. in-4°, fig. (*D'occasion*.) 25 fr.

Bois (*Du transport, de la conservation et de la force des*), par DUHAMEL DU MONCEAU. 1 vol. in-4°, fig. (*D'occasion*.) 8 fr.

Bois. — Cubage des bois, ou Tarifs pour cuber les bois carrés ou de charp., les bois eu grume au 5e et au 6e réduit, les bois au quart sans déduction, les bois ronds ainsi que les bois de chauffage en nouvelles mesures, etc., etc., par GUSSOT. In-8°, 4e éd. 1 25

Bois. — Cubage des bois et tarifs métriques pour cuber les bois carrés ou de charpente, les bois en grume au 5e et au 6e réduit, ainsi que les bois au quart sans déduction, précédés d'une Instruction sur la manière de cuber les différentes espèces de bois d'après le système métrique, et terminés par le prix des journées d'ouvriers depuis 50 c. jusqu'à 5 fr., à partir d'un quart de jour jusqu'à 30 jours, par GUSSOT. In-8°. 50 c.

Bon fermier (*Le*). Aide-mémoire du cultivateur, par BARRAL. 3e édit. 1 vol. in-18 orné de 101 grav. 7 fr.

Cailles, Faisans et Perdrix. (*Voir* page 16.)

Calendrier apicole. — Almanach des Cultivateurs d'abeilles pour 1865, par MM. HAMET et COLLIN. In-18 orné de 14 fig. 50 c.

Calendrier du bon Cultivateur, par MATHIEU DE DOMBASLE, 10e édit. 1 vol. in-12 avec planches. 4 75

Calendrier du bon cultivateur (*Abrégé du*), par le même auteur. 1 vol. in-18. 1 50

Calendrier du bon cultivateur (*Extrait de l'Abrégé du*), par le même auteur. In-18. 60 c.

Canards. (Voir *l'Education des poules*, de Alexis ESPANET, page 3.)

Cheval (*Achat du*), par GAYOT. 1 vol. in-18 et fig. 1 25

Cheval. — Choix du cheval, ou description de tous les caractères à l'aide desquels on peut reconnaître l'aptitude des chevaux aux différents services, par J. MAGNE. 1 vol. in-18 orné de 21 fig. dans le texte. 2 fr.

Cheval, Ane et Mulet, par LEFOUR. 1 vol. in-18 et fig. 1 25

Chimie agricole (*Petit Cours de*), à l'usage des écoles primaires, par F. MALAGUTI. 1 vol. in-18, fig. 1 25

Chimie agricole, ou l'agriculture considérée dans ses rapports avec la chimie, par Isidore PIERRE, 3e édit. 1 vol. in-18 avec fig. 4 fr.

Chimie appliquée à l'agriculture, Précis des leçons professées depuis 1852 jusqu'à 1862, par MALAGUTI. 3 vol. in-18. 10 50

Chimie usuelle (*La*) appliquée à l'agriculture et aux arts, par STOCK-HARDT, trad. de l'allemand sur la 11ᵉ édit. In-18, 225 grav. 4 50

Choux. — Culture et emploi, par JOIGNEAUX. In-18 orné de 14 fig. 1 25

Comptabilité agricole en partie simple et en partie double. Notions pratiques à l'usage des cultivateurs, des fermiers, des propriétaires, etc., par SCHNEIDER. 1 vol. in-18. 1 fr.

Comptabilité agricole, par SAINTOIN-LEROY, comprenant:

Registre-Mémorial de l'agriculteur, contenant les tableaux propres à recevoir les notes et renseignements indispensables à tous les fermiers ou propriétaires. 1 vol. in-4º oblong. 3 fr.

Livre de caisse, faisant suite au précédent. In-4º oblong. 2 50

Journal, registre en blanc, réglé et folioté. In-4º oblong. 2 50

Grand-Livre, registre en blanc, réglé et folioté. In-4º oblong. 2 fr.

Manuel de la comptabilité agricole pratique en partie simple et en partie double. 2ᵉ édit. 1 vol. grand in-8º avec tableaux. 3 fr.

Comptabilité-Matières. Complément du manuel ci-dessus. 1 vol. grand in-8º avec tableaux. 4 fr.

Comptabilité simplifiée, agricole et commerciale, mise à la portée de la moyenne et de la petite culture. 1 vol. grand in-8º et tableaux. 2 fr.

Registre unique du Cultivateur, pour l'application de la comptabilité simplifiée. 1 vol. petit in-4º. 2 fr.

Comptabilité et géométrie agricoles, par LEFOUR. In-18, fig. 1 25

Constructions rurales, par BONA. 1 vol. in-18 orné de 200 fig. 3 50

Constructions rurales et mécanique agricole, par LEFOUR. In-18, fig. 1 25

Coton. — Instructions sur sa culture en Algérie, par HARDY. In-18. 1 fr.

Cours d'Économie agricole et de Culture usuelle, professé par M. GAUCHERON. 2 vol. in-18. 2 50

Cubage des bois en grume et équarris (*Tarif de poche* ou *Traité portatif du*), s'appliquant aux divers systèmes en usage; *vade-mecum* des agents forestiers, etc., par HURTAULT-BANCE. In-18. 80 c.

Culture améliorante (*Principes de*), par LECOUTEUX. 3ᵉ éd. in-18. 3 50

Culture générale et instrum. aratoires, par LEFOUR. In-18. fig. 1 25

Dindons. (Voir l'*Education des Poules*, de Alexis ESPANET, page 3.)

Economie domestique, par Mᵐᵉ MILLET-ROBINET, 3ᵉ édit. 1 vol. in-18 orné de 77 figures. 1 25

Economie rurale, considérée dans ses rapports avec la chimie, la physique et la météorologie, par J.-N. BOUSSINGAULT, 2ᵉ éd. 2 v. in-8º. 15 fr.

Encyclopédie pratique de l'Agriculteur, publiée sous la direction de MM. MOLL et Eugène GAYOT. — Cet ouvrage sera complet en 13 volumes. Les tomes 1 à 12 sont en vente. — Chaque vol. avec fig. dans le texte. 7 50

Engrais (*Des*), ou l'art d'améliorer les plus mauvaises terres par les amendements et les engrais de toute nature, par DUCOIN. 1 vol. in-18. 1 fr.

Engrais azotés (*Des*), par DE GASPARIN, extrait par GUEYMARD, avec un tableau comparatif de la puissance de 119 engrais. In-18. 25 c.

Engrais chimiques (*l'École des*). Premières notions de l'emploi des agents de fertilité, par Georges VILLE. In-18. 1 fr.

Engrais perdus dans les campagnes (*deux milliards par an*), par DELAGARDE, 2ᵉ édit. 1 vol. in-18 de 180 pages. 1 50

Entraînement. — Guide du sportsman ou Traité de l'Entraînement, et des Courses de chevaux, par E. GAYOT. 1 vol. in-18, fig. 3 50

Équitation. Abrégé à l'usage de MM. les officiers d'infanterie, des élèves des écoles préparatoires et de toutes les personnes qui désirent apprendre à monter à cheval ; suivi de quelques notions indispensables concernant le harnachement, l'hygiène et les allures du cheval, par Hœckem, lieutenant au 8e de chasseurs. In-8º.　　　　1 fr.

Essais glucométriques faits en 1862 sur cent variétés de raisin, par le docteur Fleurot. In-8.　　　　1 fr.

Faisans, Cailles et Perdrix. (*Voir* page 16.)

Fécondation (*De la*) et de l'Eclosion artificielles des œufs de poisson et de l'éducation du frai, par Godenier. In-8º.　　　　1 fr.

Fermage (*Estimation, amélioration, baux*), par Gasparin. In-18. 1 25

Fours économiques à circulation d'air chaud, par A. Castermann. 1 vol. grand in-8º avec 5 pl., 2e édit. Bruxelles.　　　　2 50

Fosse (*La*) **à fumier**, par Boussingault. In-8º.　　　　1 25

Fromage de Hollande, sa fabrication, par Le Sénéchal. In-18. 50 c. Fait partie de l'*Almanach de l'Agriculteur praticien* pour 1865.

Fumiers. Des fumiers et autres engrais animaux, par J. Girardin, 6e édit. 1 vol. in-18 orné de 62 fig.　　　　2 50

Gardes forestiers (*Guide pratique à l'usage des*), traitant des arbres et arbustes forestiers, de l'ensemencement des diverses espèces et de l'agriculture forestière, etc., etc., par Vidal. 1 vol. in-8º et 4 lithog. 3 fr.

Géologie. — Cours de géologie agricole professé à Châteauroux, par Godefroy, professeur agrégé des sciences physiques. 1 vol. in-8º accompagné de 20 planches représentant 324 fossiles.　　　　6 fr. Approuvé par la Commission des Bibliothèques scolaires.

Guanos naturels. — Etude sur les guanos naturels en général et sur le guano du Pérou en particulier, par Crussard. In-8º.　　　　40 c.

Houblon, par Erath. 1 vol. in-18, fig.　　　　1 25

Incubation (*De l'*) **artificielle**, par A. Leroy. In-18 avec 2 fig. 50 c.

Irrigation. — Traité pratique de l'Irrigation des Prairies, par J. Keelhoff. 1 vol. in-8º et atlas de 11 pl.　　　　9 fr.

Laiterie, Beurre et Fromages, par Villeroy. In-18, orné de 59 fig. 3 50

Lapin domestique (*Instruct. élément. pour élever le*). In-18. 50 c. Fait partie de l'*Almanach de l'Agriculteur praticien*, 1861.

Livre de la Ferme (*Le*) et des Maisons de campagne, publié sous la direction de Joigneaux. 2 vol. grand in-8º ornés de nombr. fig. 32 fr.

Maison rustique des Dames, par Mme Millet-Robinet. 5e édit. 2 vol. in-18, ornés de 236 grav.　　　　7 75

Maison rustique des enfants, par Mme Millet-Robinet. 1 vol. grand in-8º orné de 120 fig. dans le texte et 20 planches.　　　　15 fr.

Maison rustique du XIXe siècle, publiée sous la direction de MM. Bailly, Bixio et Malepeyre. 5 vol. gr. in-8º ornés de 2,500 gr. 39 50

Matières fertilisantes, *engrais solides, liquides, naturels et artificiels*, par Gustave Heuzé, 4e édit. 1 vol. in-8º.　　　　9 fr.

Médecine vétérinaire. Notions usuelles, par Sanson. In-18, fig. 1 25

Métayage. Contrat, effets, améliorat., pr de Gasparin. 2e éd. in-18. 1 25

Meunerie (*La*), **Boulangerie, Biscuiterie, Vermicellerie, Amidonnerie, Féculerie et Décortication des légumineuses**, par Ch. Touaillon. 1 vol. in-18.　　　　5 fr.

Moudre. — L'Art de moudre, ou Mémoire sur les moyens employés pour empêcher que la chaleur produite par la pression et le frottement des meules soit préjudiciable à la farine, par van Lerberghe. In-8º. 1 50

Mouton (*Le*), par Lefour. 1 vol. in-18 orné de 79 grav.　　　　3 50

Oies. (*Voir l'Education des poules* de Alexis Espanet, page 3.)

Pisciculture. — Études théoriques et pratiques, par le vicomte H. de Beaumont. Ouvrage couronné au concours des Sciences et des Lettres institué à Rhodez, à l'occasion du concours régional de 1868. 1 vol. in-18, avec fig. dans le texte (*sous presse*).

Pisciculture. — Nouveaux éléments de pisciculture, par Isidore LAMY. 2e édit. 1 vol. petit in-8º avec fig. dans le texte. 1 75

Pisciculture. Rapport sur le repeuplement des cours d'eau, suivi des *Études sur les fécondations artificielles des œufs de poisson*, par DE QUATREFAGES et MILLET. In-8º. 1 25

Pisciculture et culture des eaux, par P. JOIGNEAUX. 1 vol. in-18, orné de 61 figures. 3 50

Plantes fourragères, par HEUZÉ, 3e édit. 1 vol. in-8º orné de 18 pl. col. et de 38 vign. 10 fr.

Plantes fourragères, par LECOQ. 2e édit. 1 vol. in-8º orné de 40 fig. 7 50

Poulailler (*Le*). Monographie des poules indigènes et exotiques, par Ch. JACQUE. 2e édit. 1 vol. in-18, 117 grav. 3 50

Poules (*Des*), ou Réformation de la basse-cour, par BEAUFORT DE LAMARRE. In-8º. 75 c.

Poules (*Education des*), par BEAUFORT DE LAMARRE, suivie du *Chaponnage et de l'Engraissement*. In-18. 25 c.

Poules et Œufs, par E. GAYOT. 1 vol. in-18 orné de 38 fig. 1 25

Poules (*Maladies des*). Causes et traitement. Tr. de l'angl. In-18. 50 c.
Fait partie de l'*Almanach de l'Agriculteur praticien*, 1862.

Races bovines, par DAMPIERRE. 1 vol. in-18. fig. 1 25

Ruches de tous les systèmes, ou examen et description des ruches anciennes et modernes, par BUZAIRIES et HAMET. In-8º avec 51 fig. 1 50

Ruche à espacements (*Notice sur la*) et sa culture, par SAURIA. In-8º avec 3 planches et tableaux. 1 fr.

Sarrasin (*Recherches analytiques sur le*), considéré comme substance alimentaire, par Isidore PIERRE. In-8º. 1 25

Sol et Engrais, par LEFOUR. 1 vol. in-18. 1 25

Sorgho (*Composition chimique et extraction du sucre de la canne de*), par Paul MADINIER. In-8º. 60 c.

Sorgho à sucre (*Études et expériences sur le*), considéré aux points de vue botanique, agricole, chimique, physiologique et industriel, par H. JOULIE. 1 vol. in-8º, avec fig. 3 50

Sorgho à sucre (*Le*). Culture, récolte, emploi de la graine, extraction du jus sucré, distillation, etc., par Paul MADINIER. In-8º. 60 c.

Sorgho sucré (*Le*), sa culture comme plante-fourragère et comme plante alcoolisable et saccharine, par Louis HERVÉ. In-8º. 60 c.

Taupier (*L'Art du*), ou Méthode amusante et infaillible pour prendre les taupes, par DRALET. 16e édit. 1 vol. in-12, fig. 1 fr.

Vaches laitières (*Abrégé du traité des*), par GUÉNON. In-18, fig. 2 fr.

Vaches laitières (*Traité des*) et de l'espèce bovine en général, par F. GUÉNON, 4e édit. 1 vol. in-8º, nombreuses fig. 6 fr.

Vers à soie (*Conseils aux nouveaux éducateurs de*), par F. DE BOULLENOIS, 2e édit. 1 vol. in-8º. 3 50

Vigne. — Résumé des opérations à suivre pendant le cours de la végétation de la vigne et étude de la rupture des bourgeons à l'état herbacé, par E. TROUILLET. Tableau in-folio, fig. et texte. 50 c.

Vigne. — Le quatrième livre du *Rustican de Pierre Crescenzi*, consacré à la vigne, à sa culture et à l'étude de son produit. In-8. 2 fr.
Traduction d'une partie d'un ouvrage publié pour la première fois en 1471.

Vigne, par CARRIÈRE. 1 vol. in-18 orné de 120 fig. dans le texte. 3 50

Vigne. — Nouveau mode de culture et d'échalassement, applicable à tous les vignobles où l'on cultive les vignes basses, par T. COLLIGNON. 1 vol. in-8º avec 3 pl. 3 fr.

Vigneron (*Manuel du*). Exposé des divers procédés de culture de la vigne et de vinification, par ODART. 3e édit. 1 vol. in-18. 4 50

Vignes. — De la culture des vignes, de la vinification et du vin dans le Médoc, par A. D'Armailhacq. 3e édit. 1 vol. in-8°.　　7 fr.

Vignes rouges et vins rouges en Maine-et-Loire, par Guillory aîné. 1 vol. in-8° avec pl.　　2 50

Vignobles. — Culture perfectionnée et moins coûteuse des vignobles, par A. Dubreuil. 1 vol. in-18, orné de 144 fig. dans le texte.　　3 50

Vin. — Le Vin, par de Vergnette-Lamotte. 1 vol. in-18.　　3 50

Vins. — Traité pratique, par Machard. 4e édit. 1 vol. in-18.　　3 50

Vins du Médoc et autres vins rouges et blancs de la Gironde, par W. Franck, 5e édit. 1 vol. in-8°, orné de 33 vues de châteaux et d'une carte de la Gironde.　　9 fr.

Viticulture. Etud. compar. sur la vitic., par Pistor-Paillet. In-12. 75 c.

Bibliothèque de l'Horticulteur praticien.

Encouragée par Son Excellence le Ministre de l'Agriculture.

Almanach du Jardinier-Fleuriste pour 1869, suivi de notes sur le jardin potager, 15e année. 1 vol. in-18 avec fig. dans le texte.　　50 c.
Les années 1859, 1860, 1861, 1863, 1864, 1866, 1867 et 1868, chaque 50 c.

Arboriculture (*Notions préliminaires d'*) à la portée de tout le monde. Conseils pratiques, par E. Trouillet, 2e édit. In-18 orné de 21 fig.　　1 fr.

Arbres fruitiers. — Conseils sur le choix, la culture et la taille des arbres fruitiers, pouvant convenir aux provinces du nord, de l'est, de l'ouest et du centre de la France, par le comte de Lambertye. In-18. orné de 33 figures.　　1 fr.

Arbres fruitiers. — Manuel populaire de culture, marcottage, bouturage, greffage et taille, par Joigneaux. 1 vol. in-18, orné de 111 fig. 2 50

Arbres fruitiers (*Des*) **et de la Vigne,** par Ysabeau. 1 vol. in-18. 75 c.
Approuvé par la Commission des bibliothèques scolaires.

Arbres fruitiers et de la Vigne (*Nouvelle Méthode de taille des*), par Picot-Amette, 3e édit. 1 vol. in-18 orné de 37 grav. dans le texte. 1 50

Asperges (*Semis, plantation et culture des*), par Bossin, 3e édit. 1 vol. in-18 avec figures.　　1 fr.

Bouturer, greffer, marcotter et semer (*Guide pour*) les plantes d'ornement, annuelles ou vivaces, arbres et arbustes, extrait en partie du *Jardin fleuriste*, par Lemaire, Lequien, le vicomte du Buysson, etc., 2e édition. In-18 orné de 35 fig.　　1 fr.

Cactées. — Leur culture, suivie d'une description des principales espèces et variétés, par Palmer. 1 vol. in-18, orné de 33 fig.　　2 fr.

Champignons (*Culture des*), avec l'indication d'une nouvelle méthode pour en obtenir en tous lieux par l'emploi de la mousse, par Salle, 3e édit. 1 vol. in-18, orné de 18 fig. dans le texte.　　1 fr.

Fleurs de pleine terre et de fenêtres. — Conseils sur leur culture, pouvant convenir aux provinces du nord, de l'est, de l'ouest et du centre de la France, par le comte de Lambertye. In-18.　　60 c.
Approuvé par la Commission des Bibliothèques scolaires.

Fuchsia (*Histoire et Culture du*), suivies de la description de 540 espèces et variétés, par F. Porcher. 1 vol. in-18. 3e édit.　　2 fr.

Fraises. — Les Bonnes Fraises. Manière de les cultiver pour les avoir au maximum de beauté, par F. Gloede. 1 vol. in-18 orné de fig.　　2 fr.

Fruits. — Manuel de l'amateur de fruits. Arboriculture fruitière en 10 leçons, par Pynaert. 1 vol in-18, orné de 89 fig.　　4 fr.

Greffe. — Traité de la greffe des arbres fruitiers et spécialement de la greffe des boutons à fruit, par l'abbé DUPUY. In-18 avec 24 pl. 2 50

Jardin Fleuriste (*Le*). — Instructions pour la culture des plantes annuelles, bisannuelles, vivaces; plantes à feuilles ornementales; oignons à fleurs; arbres et arbustes, par LEMAIRE, LEQUIEN, BOSSIN, BERNARD, CARRIÈRE, vicomte DU BUYSSON, PALMER, PORCHER, RIVIÈRE fils, etc., revu et complété par Auguste RIVIÈRE, jardinier en chef du Luxembourg. 3e édit. 1 vol. in-18, orné de 94 figures. 3 50

Légumes. — Conseils sur les semis de graines de légumes, offerts aux habitants de la campagne, par le comte DE LAMBERTYE, 3e éd. In-18. 30 c.
Approuvé par la Commission des bibliothèques scolaires.

Melons (*Culture des*). Méthode simple et précise pour obtenir les melons d'une grosseur extraordinaire, etc., par DUFOUR DE VILLEROSE. 2e édit. 1 vol. in-18 orné de 5 grav. 1 fr.
Approuvé par la Commission des bibliothèques scolaires.

Mouvement horticole de 1867. Revue des progrès accomplis dans toutes les branches de l'horticulture, avec la relation complète de l'Exposition universelle d'horticulture qui a eu lieu au Champ-de-Mars, suivi des travaux mensuels pour 1868, par E. ANDRÉ, jardinier principal de la ville de Paris. 3e année, 1 vol. in-18 de 324 pages. 2 25

Oignons à fleurs. — Semis et culture, par BOSSIN. 1 vol. in-18 avec fig. (*Sous presse*).

Plantes à feuilles ornementales en pleine terre (*Les*) : *Caladium, Canna, Gynerium, Musa, Solanum, Wigandia*. etc. Botanique et culture, par le comte DE LAMBERTYE. 2 vol. in-18 ornés de fig. et tableaux. 2 fr.

Plantes molles de pleine terre : *Pétunia, Géranium, Pensée, Verveine, Héliotrope*. Culture pratique par le vicomte F. DU BUYSSON. 1 vol. in-18, fig. 1 fr.

Rosier. — Semis, culture et taille. 1 vol. in-18 avec figures. (*Sous presse*).

Fruits et légumes de primeur (*Traité général de la culture forcée par le thermosiphon des*), par le comte DE LAMBERTYE.
Cet ouvrage sera publié en sept livraisons de 48 pages in-8°.
Prix de chaque livraison. 1 25
Les livraisons seront ainsi composées :
Melon et Concombre, 1 livr.; — **Ananas**, 1 livr.; — **Vigne**, 1 livr.; — **Fraisier**, 1 livr.; — **Groseillier, Framboisier, Figuier**, 1 livr.; — **Pêcher, Prunier, Cerisier, Abricotier**, 1 livr.; — **Tomate et Haricot**, 1 livr.
Les livraisons **Fraisier, Vigne, Melon et Concombre, Tomate et Haricot** *sont parues*.
Des rapports très-favorables de cet ouvrage ont déjà été faits par la *Société impériale d'horticulture de Paris* et par un grand nombre de Sociétés les plus importantes des départements.

Arbres fruitiers, Botanique, Culture potagère, Jardinage.

Almanach Gressent pour 1869, contenant les principes élémentaires d'*Arboriculture* et de *Potager*, par GRESSENT. In-18, fig. 50 c.

Arboriculture (*L'*) **fruitière** comprenant la culture *intensive* et *extensive* des fruits de table; la *spéculation fruitière sans capital*; les soins à donner aux *pépinières*, aux *plantations urbaines*, d'ali-

gnement et *forestière*, par GRESSENT, 4e édit. 1 vol. in-18 avec 392 fig. dans le texte. 7 fr.

Arboriculture. Leçons élémentaires, par GRESSENT. In-18. 1 fr.

Arbres et arbrisseaux à fruits de table. 6e édit. du *Cours d'arboriculture*, par DUBREUIL. 1 vol. in-18 orné de 573 fig. 8 fr.

Arbres fruitiers. — Le pincement court ou méthode de direction des arbres, et notamment du pêcher, par GRIN. 2e éd. in-18, fig. 1 25

Arbres fruitiers (*Instruction élémentaire sur la conduite des*), par DUBREUIL, 6e édit. 1 vol. in-18, fig. 2 50

Arbres fruitiers. Taille et mise à fruit, par PUVIS. 1 vol. in-18. 1 25

Arbres fruitiers (*Taille raisonnée des*), par J.-A. HARDY, 6e édit. 1 vol. in-8º avec 134 figures. 5 50

Arbres fruitiers. — Traité de la culture des arbres fruitiers, contenant une nouvelle méthode de les tailler, avec une méthode particulière de guérir les maladies qui attaquent les arbres fruitiers, par FORSYTH, 2e édit., 1805. 1 vol. in-8º orné de 13 pl. (Exempl. broch. ou rel.) 5 50

Arbres fruitiers (*Traité des*), contenant leur figure, leur description, leur culture, etc., par DUHAMEL DU MONCEAU, 1768. 2 vol. grand in-4º reliés, ornés de 181 planches gravées. 45 fr.

Arcure. — Formation des arbres fruitiers par l'arcure, par F. SIMON. In-8º. 50 c.

Asperges. Culture en plein air, par LHÉRAULT-SALBOEUF. In-18. 50 c.

Asperges (*Culture des*), par LOISEL. 1 vol. in-12. 1 25

Asperges. Instruct. sur leur culture, par Louis LHÉRAULT. In-18. 40 c.

Bon Jardinier (*Le*) pour 1869, par POITEAU, VILMORIN, DECAISNE, NEUMANN, PEPIN. 1 vol. in-12. 7 fr.

Bon Jardinier (*Figures de l'Almanach du*), par DECAISNE, 22e éd., 632 grav. et 45 pl. 1 vol. in-12. 7 fr.

Botanique. — Éléments comprenant l'anatomie, l'organographie, la physiologie des plantes, les familles naturelles et la géographie botanique, par DUCHARTRE. 1 vol. in-8º, orné de 500 fig. 18 fr.

Botanique. — Traité général de botanique descriptive et analytique, par LE MAOUT et DECAISNE. 1 fort vol in-4º orné de 5,500 fig. 30 fr.

Botanique populaire, contenant l'histoire de toutes les parties des plantes, par H. LECOQ. 1 vol. in-18 orné de 215 grav. 3 50

Boutures. (*Voir le Jardin fleuriste*, page 10.)

Cactées. — Monographie de la famille des cactées, suivie d'un traité complet de culture, etc., par LABOURET. 1 vol. in-18. 7 50

Calendrier du Jardinier bourgeois, par LASAUSSE. 1 vol. in-18. 3 fr.

Catalogue descriptif et raisonné des arbres fruitiers et d'ornement pour 1868, par André LEROY. In-8º. 1 fr.

Champignons et Truffes, par RÉMY. In-18 avec 12 pl. color. 3 50

Chasselas (*Culture du*), à Thomery, par ROSE CHARMEUX. 1 vol. in-18 orné de 41 fig. 2 fr.

Concombre. — Culture forcée. *Voyez* **Melon**, page 13.

Conifères. — Traité général des conifères, ou description de toutes les espèces et variétés de ce genre aujourd'hui connues, avec leur synonymie, l'indication des procédés de culture et de multiplication qu'il convient de leur appliquer, par E.-A. CARRIÈRE. Nouvelle édit., 2 vol. in-8º. 20 fr.

Cuisinière (*La*) **de la ville et de la campagne**, par L. E. A. 45e édit. 1 vol. in-18 cart., orné de 300 fig. 3 fr.

Culture maraîchère de Paris, par MOREAU et DAVERNE. 3e éd. in-8º. 5 fr.

Culture maraîchère dans les petits jardins, par COURTOIS-GÉRARD. 4e édit. 1 vol. petit in-18 avec 15 grav. 1 fr.

Culture maraîchère. — Traité théorique et pratique de culture maraîchère, par RODIGAS. 3e édit. 1 vol. in-18. 3 50

Encyclopédie horticole, par CARRIÈRE. 1 vol. in-18. 3 50

Entomologie horticole. Histoire des insectes nuisibles à l'horticulture, avec l'indication des moyens propres à les éloigner ou à les détruire, et l'histoire des insectes et autres animaux utiles aux cultures, par le docteur BOISDUVAL. 1 vol. in-8º orné de 125 figures.

Fécondation naturelle et artificielle des végétaux (*De la*) et de l'hybridation, par H. LECOQ. 2e édit. 1 vol. in-8º orné de 106 grav. 3 50

Fleurs coloriées (*Album de*) annuelles et vivaces, par VILMORIN-ANDRIEUX. 18 planches sont en vente. Chaque planche avec texte. 4 fr.

Fleurs (*De la Culture des*) dans les appartements, sur les fenêtres et dans les petits jardins, par COURTOIS-GÉRARD, 4e édit. In-18. 1 fr.

Flore élémentaire des jardins et des champs, avec des clefs analytiques conduisant promptement à la détermination des familles et des genres, etc., par LE MAOUT et DECAISNE. 2 vol. petit in-8º. 9 fr.

Flore médicale des Familles, ou description, culture et emploi des plantes médicinales, par EBRARD. 1 vol. in-8º. 1 50

Fraisier. — Sa culture forcée, par le comte DE LAMBERTYE. In-8º. 1 25

Fraisier, sa botanique, son histoire, sa culture, par le comte LÉONCE DE LAMBERTYE. 1 vol. in-8º. 5 fr.
Ouvrage honoré de la souscript. de Son Exc. le ministre de l'agric. et du commerce. Couronné par les Sociétés d'hortic. de Bordeaux, Paris, Reims, Rouen, Tours, etc.

Fruits. — Les meilleurs fruits par ordre de maturité; culture et soins qu'ils réclament, par P. DE MORTILLET. Silhouette et dessins des fruits, fleurs et noyaux, dessinés par l'auteur.
Tome I, **le Pêcher.** 1 vol. in-8º. 8 fr.
Tome II, **le Cerisier.** 1 vol. in 8º. 7 fr.
Le tome III, **le Poirier**, est *sous presse*.
L'ouvrage complet se composera de six volumes.

Graines et Fruits. — Moyens de les grossir, de doubler les fleurs et d'en varier les proportions et la forme, par A. BARBIER. In-8º. 1 fr.

Greffes diverses. (*Voir le* **Jardin fleuriste**, page 10.)

Horticulteur praticien (*L'*). Revue de l'horticulture française et étrangère, par MM. GALEOTTI, FUNCK, comte DE LAMBERTYE, MORREN, etc., 1858 à 1862. 5 vol. gr. in-8º orn. de 120 pl. col. et de grav. dans le texte. 40 fr.

Jardin fleuriste (*Le*). Journal horticole et botanique, contenant l'histoire, la description et la culture des plantes les plus rares et les plus méritantes nouvellement introduites en Europe. Ouvrage complet en 4 gros vol. grand in-8º ornés de 432 planches coloriées et de fig. dans le texte. 50 fr.

Jardin fruitier. — L'École du jardin fruitier, comprenant l'origine, le choix, la plantation, la transplantation des arbres; les pépinières, les greffes, la taille et les formes qu'on peut donner aux arbres fruitiers, etc., par DE LA BRETONNERIE, 1784 et autres dates. 2 vol. in-12 rel. ou broch. 6 fr.

Jardin fruitier du Muséum, ou iconographie de toutes les espèces et variétés d'arbres fruitiers cultivés dans cet établissement, avec leur description, leur histoire, leur synonymie, etc., par J. DECAISNE. Cet ouvrage paraît par livraisons in-4º de 4 planches supérieurement gravées et coloriées avec texte. La 96e livr. vient de paraître. Prix de la livr. 5 fr.

Jardinage (*La pratique du*), par Roger SCHABOL. 2 vol. in-12 reliés. (*Rare et recherché.*) 6 fr.

Jardinage (*La théorie du*), par l'abbé Roger SCHABOL. 1 vol. in-12 relié. (*Rare et recherché.*) 3 50

Jardinier illustré (*Le Nouveau*) pour 1869, par LAVALLÉE, NEUMANN, VERLOT, COURTOIS-GÉRARD, BUREL, etc. 1 vol. in-18 orné de 500 fig. 7 fr.

Jardinier des fenêtres, des appartements, etc., par RÉMY. 4e édit. 1 vol. in-18. 3 50

Jardinier fruitier (*Le*). Principes simplifiés de la taille des arbres fruitiers, par E. Forney. 2 vol. in-8°, fig. 8 fr.

Jardinier multiplicateur (*Guide pratique du*), ou Art de propag. les végét. par semis, bout., greffes, etc., par Carrière. 2ᵉ édit. in-18, fig. 3 50

Jardinier solitaire (*Le*), ou Dialogues entre un curieux et un jardinier solitaire, contenant la méthode de faire et de cultiver un jardin fruitier et potager, etc., 1 vol. in-12 relié. (*Ancien et rare.*) 4 fr.

Jardins. — Manuel de l'amateur des jardins. Traité général d'horticulture, par Decaisne et Naudin. 1ʳᵉ, 2ᵉ et 3ᵉ parties. 3 vol. in-8°, ornés de 312 fig. dans le texte. — Prix de chaque partie 7 50

Jardins (*Traité de la composition et de l'ornement des*), avec 161 pl. représentant, en plus de 600 fig., des plans de jardins, des machines pour élever les eaux, etc. 6ᵉ édit. 2 vol. in-4° oblong. 25 fr.

Jardin potager (*L'École du*), qui comprend la description des plantes potagères, les qualités de terre et les climats qui leur sont propres, etc.; la manière de dresser et conduire les couches, et d'élever des champignons en toutes saisons, par de Combles. 2 vol. in-12 reliés. (*Rare.*) 6 fr.

Légumes coloriés (*Album de*), par Vilmorin-Andrieux. 19 planches sont en vente. Chaque planche se vend séparément. 3 fr.

Melons (*Traité complet de la culture des*), par Loisel. 3ᵉ éd. 1 25

Melon et Concombre. — Leur culture forcée, par le comte de Lambertye. In-8°. 1 25

Oignons à fleurs coloriées (*Album d'*), par Vilmorin-Andrieux. 10 livraisons sont en vente. Chaque planche se vend séparément. 4 fr.

Parcs et Jardins, par Céris. In-18, orné de 56 fig. 1 25

Parcs et Jardins. — Prix de règlement ou tarif des travaux de jardinage, de plantations, d'exploitat. des forêts, etc., par Lecoq. Gr. in-8°. 3 fr.

Pêcher en espalier carré (*Pratique raisonnée de la taille du*), par Al. Lepère. 5ᵉ édit. 1 vol. in-8° avec 8 planches. 4 fr.

Pelargonium, par Thibault, 2ᵉ édit. 1 vol. in-18. 1 25

Pensée (*La*), la **Violette**, l'**Auricule** ou Oreille-d'Ours, la **Primevère.** Histoire et culture, par Ragonot-Godefroy. In-18, fig. col. 2 fr.

Pépinières, par Carrière. 1 vol. in-18. 1 25

Plantes, Arbres et Arbustes (*Manuel général des*). Description et culture de 25,000 plantes indigènes d'Europe ou cultivées dans les serres; par Hérincq, Jacques et Duchartre. 4 vol. petit in-8°. 36 fr.

Plantes de serre. — Traité théorique et pratique de la culture de toutes les plantes qui demandent un abri, par de Puydt. 2 vol. in-18. 6 fr.

Plantes de terre de bruyère. — Description, histoire et culture des rhododendrons, azalées, camellias, bruyères, épacris, etc., par E. André. 1 vol. in-18 orné de 30 fig. 3 50

Poires. — Quarante poires pour les dix mois de juillet à mai. — Monographie divisée en quatre séries de dix poires, dont la maturation s'effectue pendant chacun des mois de juillet à mai, etc., par P. de Mortillet, 2ᵉ édit. 1 vol. in-8° avec 40 fig. au trait de grandeur naturelle. 3 50

Poirier (*Taille du*) **et du Pommier** en fuseau, par Choppin. 1 vol. in-8°, fig., 3ᵉ édition. 3 fr.

Potager moderne (*Le*). Traité complet de la culture des légumes, par Gressent, 2ᵉ édit. 1 vol. in-18 avec fig. dans le texte. 6 fr.
Ouvrage couronné par la Société impériale d'horticulture.

Reine-Marguerite (*Culture de la*), par Malingre. In-18. 40 c.

Rose (*La*), histoire, culture, poésie, par P.-L.-A. Loiseleur-Deslongchamps. 1 vol. in-12, fig. 3 50

Rose (*La*) chez les différents peuples, anciens et modernes; description, culture et propriété des Roses, par Chesnel, 1838. 1 vol. petit in-18. 1 25

Rosier. — La taille du rosier, sa culture, ses belles variétés, par E. Forney. 1 vol. in-18 orné de 52 fig. 2 fr.

Rosier, culture, multiplication. *Voir le Jardin fleuriste*.

Rosier, Violette, Pensée, etc., par Marx-Lepelletier. 1 vol. in-18. 2 25

Serres (*Art de construire et de gouverner les*), par Neumann. 1 vol. in-4° oblong avec 23 pl. grav.

Thermosiphon (*L'Art de chauffer par le*), ou **Calorifère à air chaud**, par A***. 1 vol. in-4° oblong avec 21 planches gravées. 2° édit.

Vigne. — Sa culture forcée, par le comte de Lambertye. In-8°. 1 25

JOURNAUX D'AGRICULTURE ET D'HORTICULTURE.

L'AGRICULTEUR PRATICIEN,
Revue de l'Agriculture française et étrangère, publiée avec la collaboration des Agriculteurs et Agronomes les plus distingués de la France et de l'étranger.

Ce Journal, dans lequel sont traitées toutes les questions agricoles les plus importantes, est le meilleur marché des Journaux publiés à Paris. Il paraît les 15 et 30 de chaque mois. — L'abonnement date du 1er janvier. La 15° année est en cours de publication.

PRIX DE L'ABONNEMENT POUR L'ANNÉE :

Paris, les départements, l'Algérie et la Corse............ 6 fr. » c.
Royaume d'Italie, Belgique.......................... 7 »
Espagne, Portugal, Suisse et Colonies...................... 7 50
Les treize années publiées................................. 65 »
Chaque année séparément............................... 6 »

L'APICULTEUR,
Journal des Cultivateurs d'abeilles, Marchands de miel et de cire, publié sous la direction de M. Hamet.

Ce Journal paraît le 1er de chaque mois, par livraison de 32 pages avec figures dans le texte. — L'abonnement date du 1er octobre. La 15° année est en cours de publication.

PRIX DE L'ABONNEMENT POUR L'ANNÉE :

Paris, les départements, l'Algérie et la Corse................... 6 fr.
L'étranger, port en sus.

FLORE DES SERRES ET DES JARDINS DE L'EUROPE,
description et figures des plantes les plus rares nouvellement introduites sur le continent ou en Angleterre, publiée par Van Houtte.

Cet ouvrage paraît à des époques indéterminées, par cahiers grand in-8° composés de 9 planches coloriées et 32 pages de texte ornées de gravures sur bois.

Le tome 17 est en cours de publication.

PRIX DE LA SOUSCRIPTION AU VOLUME :

Paris, les départements, l'Algérie et la Corse............... 38 fr.
L'étranger, port en sus.

L'ILLUSTRATION HORTICOLE,
Journal spécial des serres et des jardins, par Lemaire, et publié par Verschaffelt. Un cahier grand in-8° tous les mois, grav. dans le texte et 5 pl. coloriées. La 15° année est en cours de publication.

PRIX DE L'ABONNEMENT : 18 FR.

ENCYCLOPÉDIE DES CHASSES

NOUVEAU TRAITÉ

DES

CHASSES A COURRE ET A TIR

PAR

Le Baron DE LAGE DE CHAILLOU

Commandeur de la Légion d'honneur, Officier de la Vénerie impériale

A. DE LA RUE, Inspecteur des forêts de la Couronne

Chevalier de la Légion d'honneur

Le Marquis DE CHERVILLE

2 volumes in-8º avec figures dans le texte, par Ch. JACQUE, PIZETTA, YAN D'ARGENT, etc. Prix: 20 francs.

Le même, imprimé sur papier de Hollande, 40 francs.

Il n'en a été tiré que 50 exemplaires.

Encyclopédie illustrée du Sportsman.

Bécasse. Le Chasseur à la bécasse, par SYLVAIN (Th. POLET DE FAVEAUX). 1 vol. in-18 orné de 35 figures dans le texte. 3 50

Chasse. — Soixante années de chasse. Pratique de la chasse, par J.-A. CLAMART, 2e édit. 1 vol. in-18, figures de Ch. JACQUE, PIZETTA, YAN D'ARGENT, etc. 3 50

Chasseurs. — Conseils aux chasseurs. Manière de peupler et d'entretenir une chasse de menu gibier; élevage du gibier, etc., par BEMELMANS, 1 vol. in-18 avec figures, par PIZETTA, etc. 3 50

Chasseur infaillible. — Le Chasseur infaillible; Guide complet du sportsman, contenant l'usage du fusil, le tir, le vol des oiseaux, le dressage des chiens, par MARKSMAN, traduit de l'anglais sur la 3e édition par Ch. KERDOEL, augmenté d'un appendice sur le tir de la caille, des oiseaux de marais et du gibier de mer. 1 vol. in-18, fig. 3 50

Cheval. — Principes sommaires de l'élevage du cheval. (*Voir* p. 2.)

Chevaux. — Conseils aux acheteurs de chevaux, ou Traité de la conformation extérieure du cheval à l'état de santé ou de maladie, avec de nombreuses instructions pour l'appréciation, avant la vente, des vices, défauts, affections, etc., suivi de la loi sur les vices rédhibitoires et la garantie du vendeur, par JOHN STEWART, traduit de l'anglais par le baron D'HANENS. 1 vol. in-18, fig. 3 50

Chevaux. — Conseils aux éleveurs de chevaux, par Charles DU HAYS. 1 vol. in-18, fig. 3 50

Chien de chasse (*Du*). Chiens d'arrêt, espèces et variétés, élevage, hygiène, nourriture, maladies, éducation, dressage, par les auteurs du *Nouveau Traité des chasses à courre et à tir*. 1 vol. in-18 avec fig., par PIZETTA, etc. 2 50

Le même, imprimé sur papier vergé. 5 fr.

Il n'en a été tiré que 50 exemplaires.

Chien de chasse (*Du*). Chiens courants, espèces et variétés, élevage, hygiène, nourriture, maladies, éducation, dressage, par les auteurs du *Nouveau Traité des chasses à courre et à tir*. 1 vol. in-18 avec fig. et un plan de chenil chromo-lithographié. 3 50

Le même, imprimé sur papier vergé. 7 fr.

Il n'en a été tiré que 50 exemplaires.

Ces deux ouvrages sont extraits en partie du *Nouveau Traité des chasses à courre et à tir*.

Coq de bruyère (*La chasse au*). Histoire naturelle, mœurs, lieux habités par ces oiseaux. L'art de les chercher, de les tirer, de les élever en volière, par Léon DE THIER. 1 vol. in-18 avec fig. 2 50

Écurie. — Economie de l'Écurie. Traité de l'entretien et du traitement des chevaux (écurie, pansage, nourriture, boisson, travail), par JOHN STEWART, traduit de l'anglais sur la 7e édition par le baron D'HA-MENS. 1 vol. in-18. 2 50

Équitation. (*Voir* page 7.)

Ferrure du cheval (*La*). Organisation, maladies et hygiène du pied, par L. GOYAU, professeur d'hippologie à l'Ecole Saint-Cyr. 1 vol. in-18, orné de 88 fig. 3 50

Annuaire zoologique. Revue des progrès réalisés sur l'acclimatation et l'éducation des oiseaux, par MERCIER, ancien inspecteur du Jardin d'acclimatation. 1 vol. in-18. 2 fr.

Cailles, Perdrix, Colins ou Cailles d'Amérique. Guide pratique pour les élever, etc., par ALLARY. Edition augmentée d'un chapitre sur l'*Incubation artificielle*, par A. LEROY. 1 vol. in-18. Fig. 1 50

Chasse. Carnet de chasse, in-18 oblong, joli cartonnage, toile angl. 2 50

Chasse (*La*) **et la Pêche** en Angleterre et sur le continent. Trad. de divers ouvrages anglais, 1842. 1 vol. in-8º, orné de 52 grav. 5 fr.

Chiens. — Les maladies des chiens et leur traitement, par HERTWIG. 2e édit. 1 vol. in-18. 3 50

Faisans, Canards mandarins, Cygnes, etc. Guide pratique pour les élever, par ARTHUR LEGRAND. 1 vol. in-18 avec fig. 2 fr.

Oiseaux. — Manuel du Tendeur. Chasse aux petits oiseaux, *alouette, bec-figue, ortolan*, etc., suivi d'une Notice sur le *Rossignol*, par J. CRAHAY. In-18. 1 25

Oiseaux de volière (*Manuel de l'amateur des*), ou Instruction pour connaître, élever, conserver et guérir toutes les espèces d'oiseaux que l'on aime à garder en volière ou dans la chambre, par BECHSTEIN. Trad. de l'allemand sur la 2e édit. 1 vol. in-18. 3 50

Rossignols. Manuel sur l'art de prendre vivants et d'élever les rossignols, par CONORT. 1838. In-18. 2 50

Venerie (*La*) **de Iacqves dv Fovillovx**, seignevr dvdit lieu, gentilhomme du pays de Gastine en Poictov, dédié av Roy. De nouueau reueüe, augmentée de la méthode pour dresser et faire voler les oyseaux, par M. DE BOISOUDAN, précédée de la biographie de Jacques du Fouilloux, par M. PRESSAC. 1 vol. in-4º orné de nombr. grav. et de lettres ornées. 15 fr.

TRAITÉ PRATIQUE

DE L'ÉDUCATION

DES POULES ET POULETS

DINDONS, OIES & CANARDS

Paris. — Imprimerie de E. DONNAUD, rue Cassette, 9.

TRAITÉ PRATIQUE

DE L'ÉDUCATION

DES POULES ET POULETS

DINDONS, OIES & CANARDS

PAR

ALEXIS ESPANET

DEUXIÈME ÉDITION

PARIS

LIBRAIRIE CENTRALE D'AGRICULTURE ET DE JARDINAGE

RUE DES ÉCOLES 62 (ANCIEN 82) PRÈS LE MUSÉE DE CLUNY

— Auguste GOIN, Éditeur —

INTRODUCTION

En publiant la série de nos petits traités sur les *bas-ses-cours*, nous avons voulu être utile à tous; si nous considérons la faveur avec laquelle on en a accueilli les premières éditions, nous devons croire que ce but a été atteint.

Nous nous adressons aux riches propriétaires qui veulent procurer du travail aux indigents, embellir leurs terres, approvisionner leurs tables, procurer à leurs familles des loisirs utiles et d'agréables distractions.

Nous nous adressons aussi aux petits propriétaires, aux fermiers, aux plus pauvres citoyens, et nous leur proposons des moyens faciles d'améliorer leur sort, de s'attacher à leur village.

Pourquoi, en effet, ces migrations désastreuses de la campagne vers les villes ? On va chercher dans les grandes cités des salaires plus forts, des emplois mieux rétribués, l'abondance et des plaisirs faciles. Mais, hélas ! voyages dispendieux, tranquillité perdue, maladies fréquentes, poignantes sollicitudes, chômages désespérants, dépenses superflues, vices ruineux, compagnons pervers, que de déceptions! On ne pense pas que, pour un qui réussit, dix s'en retournent aux champs

plus pauvres qu'auparavant, dominés par des b[illegible]
des funestes et souvent déshonorés.

Nous voulons prouver à l'homme du peuple, que [illegible]
bonheur est autour de lui et chez lui; que le coin [illegible]
terre qu'il néglige pour s'en aller au loin quérir son
pain, lui donnerait l'aisance s'il le travaillait mieux
ou différemment. Nous lui offrons les moyens de [illegible]
procurer une alimentation plus saine et plus abondante, des ressources pour l'amélioration de [illegible]
des revenus qui lui permettront de se créer, et une [illegible]
priété, et un avenir plus doux.

Nous espérons le convaincre que ses enfants sont [illegible]
auxiliaires naturels, que d'eux il doit attendre le concours le plus efficace dans ses travaux de régénération,
et que, dès lors, il ne doit pas les éloigner du toit qui [illegible]
a vus naître, du toit qui abrite leur vertu, leur santé
leur piété filiale, car ses intérêts matériels sont [illegible]
d'accord avec les satisfactions de son cœur.

Blâmons d'abord nos contemporains de ce qu'ils né-
gligent les choses rurales, *rem rusticam;* du moins
les basses-cours, les accessoires, petits objets qui ont
des résultats considérables.

Les nations les plus policées de l'antiquité en avaient
la plus haute opinion.

Les Grecs aimaient à posséder dans leurs métairies,
un système complet de productions animales. Ils appe-
laient cela des *nourritures supplémentaires*, et en faisaient l'objet d'un commerce lucratif sur les marchés
des villes.

Outre les diverses espèces d'étables pour les bêtes de

somme, les animaux de trait, les grands et petits troupeaux, ils avaient :

1° Les *ornithonos* ou volières, dans lesquelles ils
élevaient plusieurs espèces d'oiseaux de luxe et de table,
entre autres la grive et l'ortolan ;

2° Les *peristereon* ou colombiers ;

3° Les *kenotropheia* ou *kenoboskeion*, lieux où l'on
élevait les oies et les canards. Leur district avait une
division pour les oisons et les canetons, c'était le *nesso-
trophéion* ;

4° Les *melissones* ou ruchers. On y joignait souvent
tout l'attirail nécessaire à l'extraction de la cire ;

5° Les *lagotropheia* ou garennes ;

6° Les *ornitoboskeion* ou poulaillers.

Ils avaient jusqu'à des viviers dans leurs fermes.

Nous remarquerons au sujet du nom que les Grecs
donnaient aux poulaillers que son étymologique entraîne l'idée d'un mode de nourriture mixte : *ornitos*,
oiseau, et *boscô*, paître ; les poules qui paissent dans un
enclos ; elles y trouvaient des herbes, des grains germés,
des vers, des insectes.

Les auteurs latins nous ont fait connaître, de leur
côté, toute l'importance que leurs concitoyens atta-
chaient à la basse-cour. Ils nous ont transmis dans leurs
traités d'agriculture et d'économie domestique (1), des
détails pratiques supérieurs à ceux que l'on trouve dans
nos traités, insuffisants à tous égards et même souvent

---

(1) Varron : *Terentii Varronis rerum rusticarum de agricultura.*
—Columelle : *Junii Moderati Columellæ de re rustica.*

dédaigneux de leur sujet (1). Les modernes ne sont
point encore pénétrés de cette vérité si bien établie par
les anciens, que la bonne organisation d'une basse-cour
doit être fondée sur des considérations d'économie domestique et même sociale ; et que la réussite d'une
pareille spéculation, la beauté des produits, leur excellence, dépendaient de l'application de lumières spé-
ciales d'histoire naturelle et de physiologie.

Le moment est venu de rendre aux basses-cours leur
ancienne importance ; les chemins de fer, en établissant
une communication rapide et facile entre des contrées
éloignées les unes des autres, offrent aux habitants des
campagnes des avantages précieux. Pour ne parler
que de la volaille, telle province où son bas prix ne
permettait pas au plus grand nombre d'en élever, doit
voir peu à peu ses marchés s'en approvisionner, et ses
expéditions se multiplier vers les capitales, gouffres
toujours béants, où les produits ruraux de tout genre
vont incessamment s'engloutir.

On fait des romans à Paris, on va au spectacle, on
joue à la bourse, on court les magasins, on travaille,
mais avant tout on vit : *primo vivere, deinde philoso-
phare.*

Or, pour vivre il faut manger. A Paris, à Lyon, à
Londres, on vit bien et l'on vit mal ; il y a des tables
somptueuses et de pauvres tables ; il y a des gourmands

(1) Nous devons dire ici que les grands concours que le gouver-
nement a institués pour les animaux, ainsi que les sociétés pour la pro-
pagation des belles races, tendent à changer l'état des choses en encou-
rageant les éleveurs.

et des gloutons, des riches et des pauvres, des prodigues et des avares. Celui qui n'y achètera pas un poulet, des asperges, des fraises, y achètera une chicorée, un lapin. Celui qui ne pourra pas régaler sa famille d'un faisan ou d'un lièvre, la fêtera avec une poule ou une paire de pigeons. Ces poules et pigeons, faisans et poulardes, viennent de la campagne : les prix s'élèvent là, et s'abaissent dans les centres; ils s'égalisent par le fait seul de la facilité et de la rapidité des transports; c'est à l'avantage du producteur.

D'ailleurs, l'abondance des lapins domestiques et de la volaille, conséquence nécessaire de leur éducation généralisée, doit apporter à la nourriture des populations rurales une modification heureuse et salutaire. Elles consommeront de ce petit bétail, au grand avantage de leur santé. Cette viande saine leur procurera une nourriture plus restaurante que celle dont elles usent ordinairement, et plus économique que celle de boucherie, qui est habituellement hors de leur portée.

Que l'on juge d'ailleurs des profits que les éleveurs sont appelés à retirer des basses-cours par celui qu'en tiraient déjà les anciens. Du temps de Sénèque, à Rome, l'industrieux et industriel Fircellius retirait chaque année jusqu'à soixante mille sesterces des grives ou tourdres qu'il engraissait (1). Les volières étaient fort

(1) En prenant 2 as 1/2 ou un quart de denier pour un sesterce, on peut lui donner une valeur équivalente à 12 centimes; car l'as, ou livre romaine, était de 10 au denier, et le denier valait environ 40 centimes français. Fircellius gagnait donc 6 à 7,000 fr. avec ses grives.

1.

bien tenues à Rome, et les basses-cours subvenaient
grands frais au luxe des festins.

Un nommé Aufidius se faisait un grand revenu de
paons et de quelques oiseaux de parc qu'il élevait.

On comptait dans certains colombiers jusqu'à *cinq
mille* couples de pigeons.

Certains parcs étaient extrêmement étendus et
peuplés. L'Italie en renfermait un grand nombre. T.
Pompeïus en avait établi un dans la Gaule transalpine,
et ce parc avait une contenance de 40,000 pas carrés;
il était rempli de toutes sortes d'animaux et entouré de
hautes murailles.

Aujourd'hui, quelque grande que paraisse la quantité
de volaille élevée en France, il est certain qu'elle est
de tout point insuffisante; et cependant, on y compte
47,938,628 poules, donnant 6,752,000,000 d'œufs.

Laborieux habitants des campagnes, mettez-vous
donc à l'œuvre, gardez autour de vous vos enfants,
offrez-leur des occupations saines et lucratives, et ils
n'iront plus au loin acheter trop souvent le remords
en poursuivant un simulacre de bonheur qui les séduit,
alors qu'ils doivent trouver près de vous la joie, l'aisance
et la santé.

TRAITÉ PRATIQUE

DE L'ÉDUCATION

DES POULES ET POULETS

DINDONS, OIES & CANARDS

CHAPITRE PREMIER.

CHOIX DES SUJETS.

On a dit et écrit de fort intéressantes choses sur les différentes espèces de poules, et nous savons que plusieurs basses-cours de luxe et certaines fermes-écoles en possèdent de fort belles et dont la race est pure et bien déterminée ; mais, il faut que nous le disions franchement, toutes les démarches que nous avons faites pour connaître et apprécier des sujets pur sang des trente et une races ou variétés de poules et coqs, n'ont pas toujours été heureuses. Le plus ordinairement, on nous montrait des

sujets abâtardis et dégénérés pour des individus de races déterminées. Notre séjour en Algérie nous a permis de constater l'excellence
des poules mahonaises de Constantine pour la
pondaison. C'est là que, dans une basse-cour de
quinze cents sujets, nous avions pu réunir dans
un local séparé, et grâce au concours d'amateurs
distingués, les poules pur sang de Crèvecœur,
du Mans, Espagnole et Dorking, avec les poules
de fantaisie, sans queue (Vallikikili), crépue
ou frisée, et de Bentam, qui n'est qu'une
très-petite poule, bonne pondeuse, mais dont les
œufs sont petits comme ceux de pigeon ; engraissée, cette poule ne pèse pas même un
demi-kilo.

La généralité de nos lecteurs ne nous saurait point gré de leur donner la description de
toutes les variétés, parce que ce serait sans
profit pour eux. Nous préférons consacrer ces
pages à des détails plus utiles et plus pratiques.
D'ailleurs, l'acquisition des sujets de race pure,
quand on en veut une collection assez complète,
entraîne des frais énormes ; et, le plus souvent,
si l'on se procure la poule d'une espèce, on
manque de coq, ou si on veut le faire venir de
loin, il coûte cher, périt en route, ou n'est pas

de race pure. Ces désagréments ne sont pas les seuls : car, pour conserver ces races pures, il faut séparer chaque espèce, ce qui n'est pas possible au grand nombre des éleveurs, et ce qui est contraire à leurs intérêts, qui sont de soigner l'espèce pour la production et non pour elle-même, et par conséquent de n'avoir que les espèces les plus convenables à leur but.

Nous signalerons tout à l'heure les races les plus productives ; mais nous tenons pour certain que si la race fait beaucoup, le mode d'éducation, l'influence du climat et de la nourriture font plus encore pour la beauté des élèves, la qualité et l'excellence de leurs produits.

Le choix des sujets varie suivant qu'on les tient en liberté dans une basse-cour spacieuse non pavée, et suivant qu'on les tient enfermés dans un petit endroit pavé et sans fumier ; dans ce dernier cas, la poule de Dorking est peut-être la seule à pondre sans diminuer notablement la quantité d'œufs qu'elle produit à l'état libre.

Il est dans l'éducation des poules et la tenue d'une basse-cour des particularités fort singulières et tout à fait inexplicables. Peut-être faudrait-il avoir égard à l'élévation de la localité

au-dessus du niveau de la mer; toujours est-il
que l'exposition doit être prise en grande consi-
dération, et que celle au nord est la pire de
toutes, celle qu'il faut toujours éviter. En tout
cas, qui n'a vu dans une ferme située sur le
penchant d'une colline des volailles magnifiques
et qui étaient à l'abri de toute maladie, tandis que
sur l'autre penchant ou dans un autre endroit,
la même volaille, traitée de la même manière,
ne pouvait prospérer? Nous n'avons pu pousser
nos observations assez loin pour dire si le sol
des terrains primitifs était plus favorable à
l'éducation des poules que les terrains secon-
daires ou tertiaires, les sols marneux plus favorables que les sols calcaires, à gravier, etc.;
mais le fait subsiste, la volaille ne réussit pas
bien partout. Est-ce à cause des émanations
terrestres, de l'électricité en plus ou en moins, et
du degré d'humidité, etc. ? Nous ne pouvons le
dire, mais nous avertissons nos lecteurs, afin
que, du moins, ils profitent de ces remarques
quand ils liront le chapitre de l'emplacement du
poulailler.

Du Coq.

Un coq doit être haut de jambes, sans excès ; il doit avoir les cuisses fortes et couvertes d'un long duvet ; sa crête et ses barbillons doivent être bien rouges et fermes ; son cou long garni de plumes de diverses couleurs ; son bec court, fort et pointu ; ses yeux vifs, ses ongles longs, et sa queue richement empanachée. Un bon coq est fier, bat facilement de l'aile ; son regard est menaçant, son chant sonore et fréquent ; il montre en tout une grande sollicitude pour les poules. Non-seulement il ne craint ni ne cède devant l'ennemi qui le menace, mais il l'affronte et le combat pour défendre ses compagnes et leur donner le temps de fuir.

On ne doit pas toujours rechercher les coqs énormes par la taille et très-élevés sur leurs jambes ; on trouve souvent parmi eux de grands indolents qui laissent beaucoup à désirer sous le rapport de la fécondation. Préférez une taille moyenne, une grande agilité, beaucoup de hardiesse, de la témérité même, et une grande ardeur à rechercher les poules. Le coq qui est de cette humeur est certes le meilleur et le plus utile. Avec lui on n'a pas d'œufs inféconds. Le coq ne mange jamais seul, il ne trouve jamais pâture sans appeler ses compagnes par son gloussement ou cri de rappel, et il les laisse souvent manger seules, *jouissant, à part lui,* de la bonne aubaine qu'il leur procure.

Ce coq, âgé de huit mois à cinq ans, peut suffire à dix ou douze poules. Les anciens, qui connaissaient si bien la manière d'élever les oiseaux de basse-cour, nous ont laissé sur ce sujet d'excellents préceptes. Les érudits liront Varron et Columelle avec plaisir.

De la Poule.

On choisit les poules eu égard au but qu'on se propose. Est-ce pour les faire couver ? on se munira de poules de petite race, parce que ces poules demandent souvent à couver, qu'elles sont légères et ménagent les œufs qui leur sont confiés, et parce qu'elles conservent mieux que d'autres tous les instincts maternels et toute la sollicitude requise pour leurs poussins. Les petites poules des Landes ou de Provence sont les plus précieuses pour cet objet. Est-ce pour la ponte ? on fera choix de sujets plus forts, plus gros, demandant rarement à couver, et pondant par conséquent avec plus de régularité ou de continuité.

La basse-cour doit être ornée d'une variété de poules qui permette à l'éleveur d'avoir constamment des œufs : les poules communes de la plus petite race pondent généralement pendant un mois, et se reposent pendant un autre mois. Il faut toujours en avoir un nombre suffisant, parce qu'elles suppléent aux poules de belle race, lesquelles pondent tout d'un trait dans la saison. Avec de telles poules on n'aurait des œufs qu'au printemps et en été, ou en automne (1) : tandis que si l'on possède des poules communes, on aura des œufs même en hiver. Les espèces intermédiaires ont deux ou trois pontes par an entre chacune desquelles il y a un temps de non-production. Nous avons une note concernant une de ces poules. Elle donna trente-sept œufs depuis le 12 mars jusqu'au 15 mai ; elle couva du 18 mai au 9 juin, fut séquestrée, se remit à pondre le 10 juillet, et donna

(1) En été ou en automne. Dans les pays chauds, l'Algérie, par exemple, les poules ne pondent pas en été. L'été y est la mauvaise saison.

dix-huit œufs jusqu'au 14 août. A cette époque, elle cessa de pondre, se mit à glousser, fut séquestrée, parce qu'on ne voulait pas qu'elle couvât ; enfin fut remise en basse-cour le 4 septembre, et recommença à pondre le 12 de ce mois jusqu'au 6 décembre, pour donner quarante et un œufs.

Cette poule pondit donc quatre-vingt-sept œufs en trois pontes : printemps, été et automne; nourrie de vers et d'orge germée ou de laitue à la fin et au commencement de l'hiver, elle pondit un peu plus longtemps que si elle avait eu seulement des grains. Elle couva une fois et fut empêchée une seconde fois de le faire. En somme, son année fut bien employée.

Nous avons obtenu en moyenne cinq œufs par jour de quatorze poules communes, c'est-à-dire de la plus petite espèce, durant les deux mois d'hiver : janvier et février.

Durant le même temps, cinquante poules des plus belles races n'avaient rien produit, pas un seul œuf. On comprend donc que le mélange des diverses espèces de poules est nécessaire pour une production plus continue et mieux répartie dans toutes les saisons.

Les poules les plus recherchées pour la pro-

...uction des œufs ont les plumes brunes, rougeâ-
tres; elles sont même blanches, jaunes, noires,
mais d'un plumage uniforme, quoique souvent
perlé, œilleté : leur corps est épais, d'une certaine carrure, à large poitrail, à crête rouge. La
queue est petite et recouvre à peine la large
pelote de plumes fines qui enveloppe le croupion comme une belle houppe d'artichaut fleuri.
Mais nous n'avons jamais observé que les ouïes
blanches, une grande tête, une crête droite, des
jambes courtes, fussent des signes excellents.

Une poule qui chante et un coq qui se tait ne
valent rien.

Les poules pattues doivent être rejetées, parce
que leurs pattes chargées de plumes sont toujours sales et mouillées, ce qui les refroidit et
retarde ou diminue la pondaison.

Les poules à plumes retroussées et frisées ne
prospèrent pas ou ne pondent pas assez, parce
qu'elles sont fatiguées par le froid et la chaleur.

Nous attribuons une durée de cinq ans au
coq pour l'exercice de ses fonctions ; c'est la
durée de son âge adulte et de la meilleure
partie de son âge mûr. Les poules doivent
être généralement conservées un temps égal.
Elles jouissent de la plénitude de leurs fa-

cultés productives de un à cinq ans. À
cet âge, on doit les engraisser, s'en dé[illegible]
et les remplacer, sauf quelques exceptions p[illegible]
certains sujets qui donnent encore les pr[illegible]
duits qu'on en exige.

REMARQUE SUR L'ACCROISSEMENT.

Il est un calcul fort simple pour connaître [illegible]
durée des animaux grands et petits. Il est bas[illegible]
sur le rapport constant et exact, dans chaque
espèce, entre la durée de la vie et l'accroissement complet. En déterminant l'époque de cet
accroissement, on trouve que l'animal vit cinq
à six fois autant qu'il en met à croître en longueur. L'accroissement en grosseur arrive vers
le milieu de la vie : c'est ainsi que l'homme
(c'est la moyenne) croît en longueur jusqu'à
vingt ans, et en grosseur jusqu'à quarante-cinq
ans.

Le lapin, qui vit sept ou huit ans, achève son
accroissement en longueur à douze ou treize
mois.

La poule vit sept ans ; elle achève son accroissement en longueur à douze mois.

Le pigeon vit cinq ans ; il croît en longueur jusqu'à dix mois.

Les variations sont justifiées par d'autres rapports entre l'accroissement et la durée de la gestation ou de l'incubation.

L'accroissement complet ou en largeur consiste dans l'achèvement des organes, si l'on peut parler ainsi : les prolongements des os, nommés épiphyses, sont unis au corps de l'os à cette époque seulement ; et ce moment n'arrive qu'après quinze mois pour le lapin et pour la poule.

D'où il suit que c'est à cette époque de leur vie seulement, que les organes sont achevés, que les tissus jouissent de toute leur fermeté, et les chairs du degré d'animalisation qui les rend plus nourrissantes, plus substantielles.

RACES ÉCONOMIQUES.

Nous n'avons que peu de races à signaler à l'éleveur. Nous les désignons sous le nom de races économiques, parce qu'elles répondent au but que nous nous proposons : posséder les meilleures poules pour pondre, avoir les sujets les plus propres à couver, obtenir les volailles de

table dont l'engraissement est facile et la chair
délicate.

Race commune.

Le petit coq et la petite poule de nos campagnes, en particulier, des Landes et de Provence,
suffisent pour le double but : pondre et couver.
Cette poule remplace utilement la *bédouine*, une
poule commune de l'Algérie, et les variétés
naines, et de Bentam qui constituent plutôt une
race d'agrément.

Le coq de la race commune a une crête
droite, en demi-lune, peu festonnée et sans caroncules accessoires. Ses barbillons sont isolés
et rattachés ou non aux commissures du bec, ils
sont arrondis et ne se relient pas à la crête. Ce
coq est plus haut sur pattes que la poule. Son
cou est orné de longues plumes bien lisses et
chatoyantes. Les grandes plumes de la queue
également chatoyantes sont au nombre de quatre,
dont deux supérieures très-longues et recourbées
gracieusement. Il marche très-fièrement et son
corps est allongé.

La poule, au plumage plus modeste, généralement noir, jaunâtre et œilleté, est plus basse

sur pattes ; elle a les grosses plumes de la queue
rangées en rond autour du croupion qui est
muni de duvet blanc, et qui double de volume
après qu'elle a pondu en lui formant une croupe
arrondie.

Race de Crèvecœur.

C'est la principale race de poules françaises ;

Fig. 1. Coq de Crèvecœur.

elle fournit les variétés du Mans, de la Bresse,
d'Angers, par ses croisements perpétuels avec
la race de Houdan et de la Flèche.

Le coq a le corps court et large, fièrement campé sur des jambes courtes et fortes, les cuisses sont très-charnues. Sa crête est double et ressemble à des cornes, ses barbillons très-longs. Il est orné de huppe, de favoris et de cravate. Ses pattes ont quatre doigts.

La poule très-charnue, arrondie, basse sur

Fig. 2. Poule de Crèvecœur.

pattes, a la tête volumineuse et huppée, des favoris et la cravate. Sa crête et ses barbillons sont courts. Son abdomen et l'anus forment de

...l d'artichaut par l'abondance des plumes fines
qui en couvrent la rotondité.

La plupart des poules normandes sont des
variétés du Crèvecœur, avec certaines diffé-
rences de crêtes, de huppes, de plumage.

Les Crèvecœur et leurs variétés, déjà très-
répandues en France, par l'extension et les croisements, sont les volailles de table les plus fines
et les plus succulentes. Elles prennent facilement l'engrais, et fournissent des œufs excellents, excepté durant les gelées et au fort de l'été.

Race de Houdan.

Cette race partage avec le Crèvecœur le pri-
vilége d'être un des plus fins mets de nos tables,
et d'être la souche de nos bonnes variétés de
poules.

Le coq a le corps arrondi, la tête surmontée
d'une demi-huppe. Il est cravaté et orné de
favoris. Les plumes de la queue sont plus ra-
massées, à l'exception des deux supérieures qui
se prolongent en se balançant. Il est plus haut sur
pattes que le Crèvecœur, et a cinq doigts au lieu
de quatre comme lui.

La poule a le corps rond, charnu, presque

aussi volumineux que celui du coq[...]

Fig. 3. Coq de Houdan.

ornée comme lui de cravate et de favoris, et à souvent une huppe plus grande, mais sa crête et ses barbillons sont plus petits, quelquefois rudimentaires.

Cette race prend facilement graisse, même sans être châtrée. Sa pondaison est précoce et abondante. Mais il ne faut pas lui confier de couvée.

Nous négligeons la description du plumage, parce qu'il faudrait un long chapitre pour la

Fig. 4. Poule de Houdan.

rendre intelligible et surtout parce qu'il est la partie la moins stable des individus.

Race de la Flèche.

La race de la Flèche, dite du Mans, haute sur jambes, a le corps plus délié. Les sujets paraissent moins gros qu'ils ne sont, parce qu'ils ont des plumes moins abondantes et qu'elles se collent davantage au corps. Le coq est le plus grand des coqs de France.

La chair prend rapidement la graisse, elle
est très-délicate. La peau est plus fine que
aucune race. Le coq de la Flèche a quatre doigts

Fig. 5. Coq de la Flèche.

une crête réduite à deux excroissances qui sont
comme deux petites cornes, et les barbillons al-
longés prennent naissance au-dessous du bec

La poule les a plus courts. Ses canons sont longs, et ses cuisses courtes et charnues. Sa crête, formée de plusieurs tubercules, lui a valu le nom de poule cornette dans tout le pays du Mans où cette race est la plus commune.

Engrais facile, pondaison abondante, délica-

Fig. 6. Poule de la Flèche.

tesse de la chair et santé robuste, sont les qualités qui recommandent la poule de la Flèche.

Après ces quatre races nous ne saurions en

proposer aucune qui réunisse leurs qualités. Nous mentionnerons cependant :

La race Dorking, dont le coq a la plus belle prestance, le plumage le plus abondant et le plus

Fig. 7. Coq de Cochinchine.

brillant. Il a cinq doigts et une crête unique, plate, élevée et festonnée, avec de longs et amples barbillons. Chez la poule, la crête est ployée, mais également dentelée, quelquefois double et courte. C'est une des plus belles races d'Angleterre ; elle est répandue chez nous et a presque les qualités du Houdan.

La race Espagnole est allongée, à crête plus vaste, très-dentelée, avec barbillons moins longs. Elle est un peu moins grosse que le Dor-

Fig. 8. Poule de Cochinchine.

king, mais d'une santé plus robuste. La poule a la crête affaissée coquettement sur la gauche. Cette race a le plumage collant et quatre doigts. Ses diverses variétés offrent de beaux sujets.

La race de Bréda vient de Hollande, se compose de plusieurs variétés fort belles, généralement sans crête, et avec barbillons moyens. La variété Gueldre donne des poules semblables

Fig. 9. Coq de combat.

aux Houdans. La race de Bruges est dite poule de combat du Nord.

Les races de Cochinchine exigent de grands soins pour donner une chair tendre et savoureuse ; leurs variétés font plutôt le plaisir des amateurs que le profit des éleveurs. Il faut dire la même chose des races Brama-Powtra et Malaise. Nous leur préférerions la race de Padoue, soit huppée Hollandaise, soit Padoue-Pologne, ou encore la race de Hambourg. Nous terminerons cet aperçu sur les races en donnant les

Fig. 10. Poule de combat.

figures du coq et de la poule de combat comme simple objet de curiosité.

Voici un petit tableau comparatif des poids des sujets de diverses races engraissés, et de leurs œufs.

NOMS DES RACES.	POIDS		POIDS DES ŒUFS.
	DU COQ.	DE LA POULE.	
Malaise	5 kil.	4 kil.	70 gr.
Cochinchinoise	5 kil.	4 kil. 500 g.	65 gr.
Commune de France	2 kil	4 kil. 500 g.	60 gr.
Crèvecœur	3 kil. 500 g.	3 kil.	90 gr.
De la Flèche	3 kil. 500 g	2 kil. 800 g.	80 gr.
De Bruges ou de combat du Nord	3 kil.	2 kil. 500 g.	75 gr.
De Constantine	3 kil. 208 g.	3 kil.	80 gr.
De Houdan	3 kil. 250 g.	3 kil.	85 gr.
Bédouine, commune d'Algérie	4 kil.	800 gr.	50 gr.
De Padoue	2 kil. 500 g.	2 kil.	65 gr.
De Dorking	3 kil. 500 g.	3 kil.	60 gr.
De combat	2 kil.	2 kil. 700 g.	60 gr.
De Bentam	500 gr.	400 gr.	35 gr.

CHAPITRE II.

CHOIX DE L'EMPLACEMENT ET ORGANISATION DU POULAILLER, DU JUCHOIR, DU PARC, DE LA BASSE-COUR.

La plupart de ceux qui élèvent des poules les mettent où ils peuvent. En donnant ici quelques conseils, nous n'imiterons pas les auteurs qui ont décrit avec complaisance les hangars à poules et leurs parcs, qui sont entrés même dans des détails de fermeture et de serrure. Ces ob-

...ts doivent être laissés à l'initiative de chaque éleveur qui tire parti des lieux comme il le peut. L'essentiel c'est que le sol soit sablonneux ou marneux, que le pavé n'existe pas dans la basse-cour, qu'il n'y ait ni boue, ni eaux stagnantes.

Que si l'on bâtit pour la volaille, il faut que les ouvertures soient à l'opposé du vent dominant, vers le levant, au pis aller vers le midi, et autant que possible à une certaine élévation au-dessus du sol et contre le mur du four ou de la cheminée, non seulement à cause de la chaleur dont les poules profitent, mais aussi afin que la fumée du bois qu'on y brûle se répande parfois dans le poulailler. On peut y suppléer en y faisant brûler souvent quelques poignées de bruyères ou d'arbustes, autant pour en chasser l'air chargé de miasmes que pour s'opposer à la multiplication des parasites qui tourmentent la volaille. Nous avions même l'habitude de faire brûler ces substances en les promenant contre les murs et les bois du poulailler.

On a recommandé la rusticité en toute construction à l'usage des poules. A la bonne heure, pourvu que les murs du poulailler à jucher, à pondre, à couver soient unis, et leur sol pavé, et susceptible d'être entretenu dans un grand

état de propreté. Cela est nécessaire [...]
des insectes et parasites qui pullulent et [...]
le séjour au panier et sur le juchoir insup[...]
table aux poules. Les murs unis sont plus [...]
les à nettoyer.

On évitera toujours l'humidité, le [...]
l'ombre et la saleté. On laissera pénétrer [...]
leil, une partie de l'après-midi, dans le [...]
tout y sera blanchi à la chaux [...]
l'année ; les ordures en seront en[...]
moins deux fois par semaine et la [...]
paniers à pondre se renouvellera une fois [...]
mois, tandis que les paniers eux-mêmes se[...]
changés, ou fort bien purifiés, au moins une [...]
par an. Pendant l'été surtout, en Algérie, [...]
faut changer chaque semaine la paille des pan[...]
occupés et brûler la vieille paille, si on ne veut
pas répandre partout les insectes.

Un excellent moyen pour détruire les insectes parasites, c'est de mêler à l'eau de chaux
avec laquelle on blanchit, le tiers de sulfure de
chaux, liqueur dont on se sert aussi pour pur-
ger la paille, laver les paniers, les bois, etc. Le
sulfure de chaux se fait de la manière suivante :
on met une poignée de fleur de soufre et trois
poignées de chaux vive délitée dans dix litres

l'eau que l'on fait bouillir pendant une demi-heure, après quoi l'on décante et l'on met dans un vase ou dans des bouteilles, à conserver pour l'usage. Le résidu se mêle à la poussière où les volailles vont se poudrer.

La disposition des ouvertures doit être telle qu'on puisse aérer l'appartement aussi souvent qu'il convient, et y entretenir un demi-jour, sans empêcher le renouvellement incessant de l'air. Deux suffisent pour un poulailler ordinaire ; ces ouvertures sont grillées, de manière à exclure les rats et les belettes ; on les garnit de volets pour ménager la clarté et tenir l'intérieur dans une certaine obscurité qui plaît au pondeuses. Les poulaillers à jucher, à couver et à pondre sont les seuls endroits qui doivent être pavés, et pavés très-exactement, afin que les rats ne puissent pas s'y introduire par les joints.

Le juchoir, *fig.* 11, consiste en une sorte de large échelle posée contre l'un des murs ; son inclinaison doit faire un angle droit avec le mur, et la distance des barreaux doit être de 35 à 40 centimètres.

Cet intervalle et cette pente laissent aux poules juchées assez d'écartement de la tête à la queue pour les empêcher de se salir. Les bar-

reaux du juchoir ont au moins 5 centim...
diamètre ; ils ne sont pas polis ; on les fait p...
carrés que ronds, afin que les poules les ser...
commodément avec leurs pattes sans glisser...

Fig. 14. Juchoir.

dernier barreau doit atteindre à 40 centimètres
de la toiture ou du plancher supérieur. Les coqs
les plus vaillants, les plus belles poules, aiment
à s'y jucher au sommet.

Les deux tiers du poulailler seront occupés
par ce juchoir ; le tiers laissé libre doit être le

plus obscur, il est muni de traverses et de paniers à diverses hauteurs.

Les poules viendront y pondre d'autant plus facilement que les paniers seront moins en vue et moins sur le passage des autres poules. Ces paniers devront être peu profonds, *fig*. 12, et d'une capacité telle, que la pondeuse puisse s'y retourner sans froisser sa queue, et observer ce qui se passe autour d'elle en relevant la tête, comme aussi se cacher entièrement en l'abaissant.

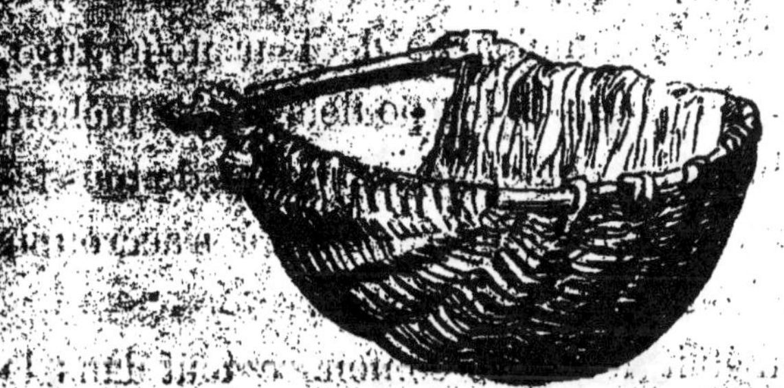

Fig. 12. Panier pour pondeuses.

Cette disposition des paniers à pondre est également convenable pour les paniers où l'on fait couver. Nous en offrons plus loin, *fig*. 19, un autre modèle. Les précautions que nous venons d'indiquer sont indispensables si l'on veut réussir, et s'appliquent à tous les oiseaux.

On s'aperçoit que nous ne donnons dans

cette disposition aucune place aux couve[uses]
ni aux poussins, ni aux poulets. C'est qu[e le]
poulailler doit n'être affecté qu'aux poules a[dul]-
tes en état de pondre et à leurs coqs. On évi[te]
ainsi mille inconvénients, dont les principa[ux]
sont : 1° que les couveuses, obligées de défend[re]
leurs paniers ou leurs poussins contre les pré-
tentions des autres poules, sont réduites po[ur]
à n'avoir pas le temps de manger, à laisser p[érir]
leurs poussins, à abandonner leurs œu[fs ; et les]
poussins ne peuvent jamais manger en paix, se
voient frustrés d'une partie de leur nourritu[re],
souffrent du froid ; 3° les poulets ne se juchent
jamais bien, les poules les chassent de dessous les
barreaux, et il ne leur reste qu'à s'accroupir
sur le sol où ils se refroidissent.

Si l'on était forcé de confondre tout dans la
même basse-cour, il conviendrait de consacrer
aux poulets un juchoir particulier plus petit,
ayant des barreaux plus rapprochés ; de séparer
dans des paniers à claires-voies les poules couveuses ; de les renfermer avec leurs poussins sous
des cages particulières, *fig*. 13, où nourriture
et breuvage leur seraient fournis exactement.

On réussit mieux en plaçant le poulailler dans
une basse-cour et les élèves dans une autre, ou

ou en ayant deux poulaillers dans la même
basse-cour, l'un à une extrémité, l'autre à l'au-

Fig. 13. Cage à poussins.

Du reste, lorsqu'on veut conserver certaines
races pures il est nécessaire de les tenir à part.

Le poulailler destiné aux élèves aura ses juchoirs accommodés à l'âge des poulets, à la diver-
sité de leur provenance ; il y aura des retraites
et des angles secs et garnis de paille pour les
couvées trop jeunes, des cages à poussins pour
séparer les petites familles encore trop jeunes,
des paniers pour les couveuses et tout l'attirail
de cette production ; des mangeoires et des
abreuvoirs toujours propres seront placés au
dedans et dans la cour ; voici, parmi plusieurs
abreuvoirs, l'abreuvoir - siphon, *fig.* 14 *et* 15,

qui fournit une eau toujours propre. Quant
mangeoires pour les pâtées, elles consistent
de petites auges longues ou courtes, *fig.* 16
17, mais très-étroites et peu profondes. Le

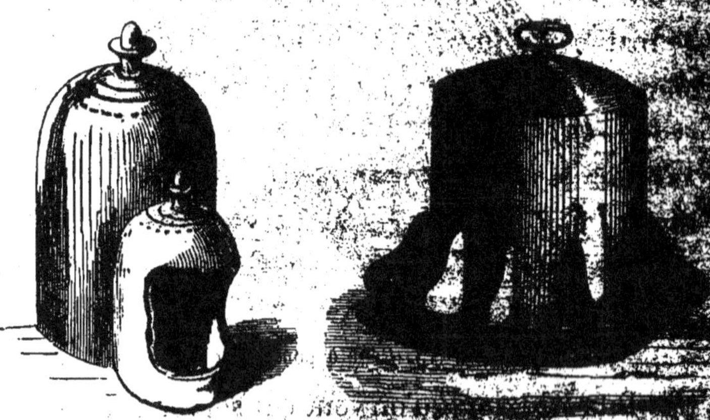

Fig. 14 et 15. Abreuvoirs-siphons.

grains sont donnés dans des trémies du genre de
celle dont nous donnons ici le dessin, *fig.* 18
les plus simples sont les meilleures.

Fig. 16 et 17. Mangeoires.

On n'oubliera pas de choisir dans la cour et à
l'abri de la pluie, un recoin plus ou moins grand,
suivant le nombre des couveuses, par exemple,

de 2 mètres carrés pour dix poules où on placera de la poussière ou terre fine, sèche, formant une couche de 15 c. environ, et composée,
sur cent parties, de quatre-vingts en terre sablon-
neuse, cinq de cendres, quatre de chaux et une
de matière sulfureuse. C'est dans cette poussière
bien mélangée que les couveuses vont se vautrer

Fig. 18. Trémie pour les graines.

souvent toutes à la fois pour se débarrasser des
insectes qui les fatiguent, surtout durant l'été,
jusqu'à leur faire abandonner leurs œufs.

Quand les poules jouissent d'un grand par-
cours, d'un parc, il peut être semé de gazon qui
est une nourriture pour elles. Mais lorsque l'es-

pace est étroit on doit le bêcher souvent, par parties, afin de l'assainir par l'ensevelissement des fientes et des débris corruptibles.

Quand une écurie se trouve dans l'enceinte d'une basse-cour, on doit éviter qu'il s'y trouve des eaux stagnantes, des écoulements de fumier nuisibles aux animaux qui vont s'y désaltérer. Du reste, une écurie bien tenue ne peut qu'être très-favorable aux poules; elles y auront un abreuvoir distinct de celui des bêtes de somme, des moutons, etc., et, s'il se peut, cet abreuvoir ne sera pas autre qu'un petit cours d'eau fort propre.

A défaut d'écurie et de hangar dépendant des fermes, on établira non loin du juchoir quelque abri, hangar rustique, toit de chaume, pour permettre aux poules de s'y retirer quand il pleut, de s'ébattre à l'ombre s'il fait trop chaud, de se reposer quelquefois en caquetant et de s'y poudrer sur le sol qui doit être meuble.

Il n'est pas utile que les poules du poulailler, destinées à la pondaison, sortent par la porte ou par une fenêtre. Toutes les grandes ouvertures doivent être fermées à clef, parce que le lieu ne doit être visité que par la personne chargée de la propreté et par celle qui fait la levée des œufs.

L'intérieur doit être toujours tranquille et solitaire, et nous conseillons à ces personnes de n'y entrer que dans l'après-midi, pendant la distribution du soir. Sans cette précaution, on s'expose à détourner les poules moins familières, qui s'en vont facilement pondre ailleurs.

On pratiquera donc, vers le milieu de la façade, et du côté du juchoir, une ouverture suffisante au passage de la volaille. On placera, en dedans une planche conduisant au juchoir et aux paniers à pondre, et au dehors une autre planche qui s'élève de terre au niveau de cette ouverture ; elle sera garnie, de distance en distance, de petites traverses qui rempliront l'office d'échelons ; cette planche aura le plus d'inclinaison que l'on pourra, afin que les poules montent et descendent sans difficulté.

La petite ouverture dont nous venons de parler s'ouvrira toujours de grand matin, au point du jour, mais elle sera fermée le soir de bonne heure, vers le coucher du soleil, sitôt que les poules seront toutes rentrées.

Quant à l'étendue du poulailler à jucher, relativement au nombre des sujets, les proportions que nous avons trouvées strictement nécessaires sont celles de cent poules pour un local de

2 mètres carrés. Il faut cet espace pour les jucher commodément. Avec un mètre carré de plus ou pourra placer dans le juchoir assez de paniers pour la ponte.

L'éleveur ne perdra jamais de vue qu'il ne doit rien épargner pour rendre le poulailler sain, propre, solitaire et tranquille, comme aussi pour ne lui donner qu'un demi-jour, et l'entourer de toutes les commodités qui en rendent le séjour agréable aux poules. Il complantera les cours d'arbres et d'arbustes, dont l'ombrage garantit la volaille des ardeurs du soleil, et dont les fruits lui procurent de temps à autre quelques friandises : tels sont les mûriers, la vigne, le cerisier, le sureau, l'arbousier, le hêtre, le figuier, etc.

Nous donnerons un dernier conseil sur la constitution du poulailler, pour ceux qui auraient à construire : ce serait de placer le poulailler, au-dessus de l'enceinte ou salle basse destinée au palmipèdes, c'est-à-dire aux oies et aux canards ; salle basse, obscure et telle que nous la décrirons quand il en sera question. Au-dessus du poulailler serait le pigeonnier. (Voyez notre traité sur les *Pigeons, oiseaux de luxe, de volière et de cage.* 1 vol. in-18 avec fig. dans le texte).

CHAPITRE III.

DES COUVÉES.

Après avoir pondu un certain nombre d'œufs, la plupart des poules demandent à couver. Elles prennent des allures particulières, restent une partie de la journée et de la nuit sur les œufs, perdent les plumes du ventre, poussent un cri nouveau, gloussement bien connu ; en même temps leur crête pâlit et se flétrit ; elles mangent moins et fientent plus rarement, elles sont échauffées. Si à cette époque on applique un thermomètre sous l'aile d'une poule, on constate une élévation de plusieurs degrés dans la température de ces parties.

En cet état, à peu près toutes les poules sont susceptibles de couver ; mais on ne doit confier cette importante fonction qu'à celles douées d'un instinct maternel bien développé, peu pesantes, n'ayant point ou peu de griffes de derrière, car c'est avec ces griffes que les couveuses cassent ordinairement leurs œufs.

Une petite poule ne doit couver que onze ou douze œufs; les œufs d'une couvée doivent être

du même âge, les plus frais ont une éclosion
plus précoce, quelquefois elle a lieu 2 ou 3 jours
avant celle d'œufs plus vieux ; la durée de l'incubation est de vingt et un jours. On doit choisir
les œufs les plus frais, jamais de plus d'un mois ;
on les trempe dans l'eau froide, on les essuie et
on les place dans le panier à couver, fig. 19, nous

Fig. 19. Panier pour couveuses.

l'avons toujours employé sans couvercle ; dès ce
moment on ne doit plus y toucher. La poule
les tourne et retourne à son gré, qui est le
gré de la nature. On pense que les œufs les
plus longs donnent des coqs. Nos observations nous ont donné des résultats assez
positifs à cet égard, mais seulement eu égard

aux œufs d'une même poule, car les unes les font plus longs que les autres, et l'on se tromperait en choisissant tous les œufs longs provenant de diverses poules, attendu qu'un œuf moins long, provenant d'une poule dont les œufs sont plus ronds, donnerait un coq, de préférence à un œuf plus long qui serait encore le moins long des œufs pondus par une poule dont tous les œufs sont plus longs.

On voit dans quelques fermes les ménagères placer un fer sous la paille du panier où sont les œufs couvés dans la pensée de les garantir de la foudre. Nous sommes convaincu de l'influence de ce terrible phénomène. Il n'est pas rare, en effet, de voir perdre une ou plusieurs couvées par l'effet de l'électricité, qui tue les germes, surtout dans les huit ou dix premiers jours de la couvaison ; mais nous devons dire que le fer placé au-dessous des œufs ne les en garantit pas du tout, si même il n'a la propriété de les exposer au danger. Les expériences que nous avons faites en Afrique, en 1849, dans une basse-cour très-nombreuse, et où nous entretenions une quarantaine de couveuses, nous permettent d'être affirmatif.

Les couveuses doivent être placées dans un

même local et leur nombre, détermine l'intelligence et l'habileté de la personne qui en a soin; car il faut qu'elle sache, soit de mémoire, soit à l'aide de marques ou de notes, quelle poule occupe tel panier et quelle tel autre panier. Cela est nécessaire, parce qu'en revenant de prendre leur repas les couveuses se jettent souvent dans le premier panier vide ou dans celui qui leur convient le mieux, auquel cas on doit les changer aussitôt, sous peine de voir certaines poules prendre une ou plusieurs fois des œufs plus jeunes et couver un mois plus, ce qui excéderait leurs forces.

Toutes les couveuses n'ont pas la même assiduité sur leurs œufs; mais il ne faudrait pas croire qu'on les rend plus assidues par des procédés quelconques, même en les renfermant avec leurs œufs sous une cage où l'on déposerait la nourriture. Les poules volages doivent être supprimées ou remplacées sans hésitation. Le plus souvent, les poules couvent avec une sorte de rage, une assiduité excessive. Aussi, peut-on soupçonner une maladie ou un excès de vermine chez la poule de race commune qui ne garde pas son poste avec affection.

La meilleure manière de traiter les couveuses,

c'est de leur ouvrir le lieu où elles sont le matin
après neuf heures, et de le fermer le soir après
le dernier repas. A l'ouverture de l'appartement
et à l'heure du premier repas, de neuf à dix
heures, on les voit se précipiter, en caquetant,
vers la petite cour où elles doivent prendre un
instant leurs ébats. Là, leur premier soin est de
se tirailler, de s'allonger, de se vider, de s'é-
battre au soleil, de se poudrer ; puis elles mangent à la hâte, boivent et rentrent, avec une
gravité comique, pour se remettre sur leurs
œufs. Les personnes qui croient mieux faire de
mettre les vivres à leur portée, de manière à
ce qu'elles mangent sans quitter leur panier,
doivent changer d'opinion : il est dans la nature
de laisser chaque jour, quelques instants, les
œufs seuls ; cela ne ralentit en rien le travail
d'incubation ni le progrès du poulet, et semble
au contraire les favoriser par la petite réaction
qu'une impression momentanée de froid pro-
voque dans l'œuf. D'ailleurs, la poule a besoin de
se reposer un instant chaque jour, d'allonger ses
pattes, de se nettoyer ; sa santé y gagne, ainsi
que son assiduité.

On portera une grande attention aux paniers ; on en fera la visite tous les jours, pen-

dant le repas du matin, parce que plusieurs
couveuses ne quittent pas le leur pour le repas du
soir, à moins qu'on ne les y oblige. On examinera
l'état des œufs, on ôtera ceux qui sont cassés
et les ordures qui pourraient les salir; on ôtera
aussi, au bout de 5 à 6 jours, les œufs clairs ou
non fécondés. On les reconnaît à ce qu'ils sont
pleins et souvent fluctuants. Les œufs fécondés,
au contraire, présentent la *chambre à air*, un espace vide formé par le retrait des membranes
de l'œuf à l'un des bouts. On les observe pour
cela devant la lumière, en faisant abat-jour avec
une main à un bout de l'œuf, l'autre à l'autre
bout.

On redoublera d'attention au dix-neuvième
jour de l'incubation ; au vingtième, on surveil-
lera la couveuse, qui dès ce moment commence
à entendre ses poussins encore dans l'œuf, car
elle est exposée à négliger sa nourriture, et l'on
devra au besoin la porter au dehors pour lui offrir son repas ; enfin, l'on aura soin de laisser les
poussins sortir tout seuls de l'œuf. Tout est ordinairement terminé à la fin du vingt et unième jour.
Les poussins retardataires, ceux qui n'ont pas la
force de casser la coquille, sont peu viables ; on
peut à peine se permettre de les aider avec une

pointe d'épingle ; mais s'il arrivait qu'en faisant
effort sur la coquille on déchirât la membrane de
manière à tirer une goutte de sang, le poulet
serait perdu.

Quelques personnes sont dans l'habitude de
faire couver les œufs de poule à des dindes, et
leur en donnent jusqu'à vingt-cinq ; c'est un pro-
cédé que nous n'approuvons pas plus que celui
qui consiste à les faire couver par un chapon,
qu'on plume sous le ventre en l'irritant et
qu'on enivre préalablement en le gorgeant de
mie de pain imbibée de vin. Le poids de ces
animaux, l'action de leurs griffes occasionnent
la perte de beaucoup d'œufs, cassés ou rejetés
et ensevelis dans la paille trop brutalement re-
tournée. Cependant, nous conseillons volontiers
de faire couver ceux de cane par des poules,
pourvu que l'on fasse couver en même temps
une ou deux canes, afin qu'elles conduisent
les canetons de toutes les couveuses ; car les
mœurs du canard diffèrent trop de ceux de la
poule pour la laisser chargée de son éducation.
Si nous faisons cette exception en faveur des
œufs de cane, c'est qu'il est difficile de trouver
chez elles la même docilité à couver : elles sont
farouches et abandonnent facilement leurs œufs.

Revenons à la couvée. Le poussin, au [sortir] de l'œuf, peut marcher et courir, mais il [doit] être retenu sous les ailes de sa mère pendant au moins une demi-journée. On les réunit ensuite pour les faire manger avec un jaune d'œuf durci et émietté, du pain, des débris de bouillies de riz, etc.; on les nourrit bientôt avec des pâtées composées de pain, d'herbes bouillies, poireaux, orties, laitues, et enfin on leur donne des grains, des vers de terre.

La chaleur, la sécheresse, la propreté, sont indispensables à la nouvelle couvée. Dans la belle saison, on doit s'arranger pour mettre deux ou trois poules à couver le même jour, afin que les poussins puissent être réunis sous une seule, au fur et à mesure qu'ils éclosent. Il faut prendre garde que la poule ne s'aperçoive de la supercherie, car elle pourrait bien se fâcher et battre l'intrus, surtout après qu'elle a déjà conduit, même une seule fois, ses poussins. Les nouveaux venus courent un danger réel si on ne les confond avec les autres sans être vu de la mère.

Quelques amateurs ont inventé des appareils, des boîtes à poussins, pour les élever pendant les premiers jours de leur existence. C'est un amusement que nous ne conseillons pas. Nous ne conseillons pas davantage l'usage d'une boîte à éclosion, d'un four à couver, parce que les meilleurs procédés ne peuvent remplacer les poules couveuses, et que la réussite est rare.

CHAPITRE IV.

DES ÉLÉVES.

Dans la basse-cour destinée aux élèves, il faut encore, si l'on veut très-bien faire, établir des séparations et des divisions pour les divers âges et les divers sujets.

La première d'abord où vagabondent les poules avec leurs poussins, puis la deuxième pour les poussins retirés à leurs mères et âgés de cinq à six semaines jusqu'à l'âge de deux mois et demi à trois mois, enfin la troisième pour les poulets venus de la deuxième division, et qui restent dans celle-ci jusqu'à l'âge de six mois.

Lorsqu'on veut se livrer à l'engraissement, on doit, à leur sortie de la deuxième division, séparer les coqs d'avec les poulettes, et le faire avant

qu'ils aient atteint l'âge de trois mois. Ils font
des divisions à part.

On se souviendra de ces trois grandes divisions pour suivre avec profit ce que nous dirons
au chapitre de la nourriture. Ces trois divisions
sont nécessaires pour assurer la tranquillité de
tous ; les plus jeunes poulets ne seront pas frustrés de leur ration par la voracité des plus forts,
et chaque âge aura la nourriture qui lui est la
plus convenable.

Tant que le poussin est sous l'aile et le gouver-
nement de la mère, il a besoin d'une alimentation choisie, plus délicate et plus substantielle.
On continue ces soins dans la seconde division,
parce que les poulets qui s'y trouvent achèvent
d'y subir la crise de la mue. Cette époque est
dangereuse pour plusieurs ; elle survient entre
deux et trois mois.

Une fois cette crise passée et le poulet couvert des principales plumes qu'il doit garder, sa
vie est à peu près assurée, et il faut économiser
sur ses pitances, chose qui serait impossible si
les élèves de divers âges étaient mêlés et man-
geaient à la même sébile, dans le même lieu, à
la même pâtée.

On fera bien de retenir dans la troisième divition les sujets jusqu'à l'âge de six mois, et de ne mettre qu'alors dans la grande basse-cour ceux qu'on veut conserver pour remplir les vides ou augmenter le nombre des pondeuses.

3° Ceux qu'on a séquestrés dès avant l'âge de trois mois pour les destiner à l'engrais, sont soumis, vers l'âge de six mois, à un régime particulier en même temps que les sujets dont on veut se débarrasser par la vente ou qu'on destine à la production, parce que chacune de ces classes gagne dès ce moment à être traitée conformément au but qu'on se propose. Voyez plus loin : *Nourriture des poulets des 2ᵉ et 3ᵉ divisions.*

Les sujets destinés à la grande basse-cour seront choisis parmi ceux éclos en été ; car, outre qu'ils sont de plus belle venue, on n'aura pas à attendre leurs produits, au delà des premiers beaux jours qui suivront l'hiver. On ne serait pas plus avancé si l'on prenait les sujets éclos au printemps ; ils n'en passeraient pas moins l'hiver, à peu près improductifs. Ceux-là doivent en général être livrés au marché en été et en automne, ou traités pour être vendus en automne ou en hiver.

On comprend que les élèves du printemps

sont d'autant mieux vendus qu'ils sont
plus tôt ; on doit y tenir. Mais ces primeurs
gent un local chaud et sec ; sans cela on s'expose
à perdre tous les sujets hâtifs, dont le froid
et l'humidité sont les plus cruels ennemis.
Quoi qu'il en soit, on mettra à couver le plus
tôt possible : car si les premiers froids de
novembre ne trouvaient pas des élèves de
trois mois ayant déjà mué, ces poulets tardifs
succomberaient à la mauvaise saison ou seraient
chétifs et d'un rapport insuffisant. Si l'on veut
obtenir des œufs en hiver et des poulets hâtifs,
on met les couveuses dans des appartements
chauffés et l'on a une basse-cour parfaitement
exposée.

Les sujets que l'on destine à la grande basse-
cour devront y être portés en assez grand nombre à la fois pour s'y tenir compagnie et n'être
pas éprouvés par le changement de domicile.
Étant en troupe et habitués à se voir ensemble,
ils seront moins harcelés par les poules, qui que-
rellent volontiers les nouvelles venues.

Nous avions adopté, dans une basse-cour,
un arrangement qui économisait un grand nombre de coqs. On sait que la poule produit des
œufs quand même elle ne serait pas fécondée ;

cependant, l'absence complète de coq se res-
sentirait par une moindre production d'œufs.
Nous avions donc réduit le nombre de coqs à un
pour cinquante poules ; mais d'autre part nous
conservions une petite basse-cour réservée à
six-huit poules choisies avec deux coqs excellents : leurs œufs étaient destinés seuls à être
couvés. Par cet arrangement, nous évitions tous
les mécomptes que nous avions éprouvés en faisant couver les œufs pris au grand poulailler,
lorsqu'il y avait un coq pour douze poules,
non que cette proportion fût insuffisante à la
fécondation, mais parce que certains coqs
avaient trop de poules et d'autres pas assez ou
point du tout. De cette manière, d'ailleurs,
nous économisions la nourriture de sept à huit
coqs pour cent poules, et nous avions des œufs
toujours fécondés.

CHAPONNAGE.

On se comporte différemment pour les élèves destinés à l'engrais. Les coqs peuvent être
chaponnés. Il est inutile d'opérer les poules ;
chez elles cette opération est difficile et dangereuse, nous avons vu des gens qui préten-

daient la faire, mais qui ne touch[ent]
des glandules accessoires et non aux [organes]
reproducteurs. Les coqs doivent avoir au
moins trois mois et au plus quatre pour être
chaponnés.

M. Allibert, professeur à Grignon, décrit
ainsi l'opération du chaponnage (1) :

« Lorsqu'on veut apprendre la pratique de
cette opération, il faut ouvrir un coq mort
afin d'étudier la position des testicules et de
bien se familiariser avec la voie à suivre pour
atteindre ces organes. Autant que possible,
il faut chaponner lorsque ces animaux sont
jeunes et par un temps doux. Les seuls instruments nécessaires sont une grosse aiguille, du
fil ciré et un bistouri, à défaut duquel on peut
se servir de la lame convexe ou droite d'un cou-
nif ; il est essentiel au succès de l'opération que
la lame employée soit parfaitement affilée,
afin d'obtenir plus de promptitude dans l'incision et de netteté dans la plaie. Un aide est nécessaire pour maintenir l'animal sur les genoux
de la personne qui opère ; cette dernière doit
être assise commodément et avoir à portée de

(1) *Guide de l'éleveur de poules et poulets*. Paris, 1855.
1 vol. in-18 (ouvrage épuisé).

Les matières déposées dans ces fossés en-
trent... à peu en fermentation ; ce travail y
est d'autant plus rapide que l'air est plus chaud
et plus humide. Dans l'espace de dix à dix-huit
jours, il s'y forme des vers en abondance ; ces vers,
nommés asticots, sont en telle quantité, qu'on n'a
qu'à soulever ce qui les couvre pour les prendre
à la pelle et les donner à la volaille. Une fosse
achevée, on en recommence une autre et l'on re-
fait la première, et ainsi de suite. Un kilogramme
de ces vers fait la ration pour un repas de
cinquante poules.

3° CÉRÉALES ET HERBES. — On divisera la
terre libre en huit ou dix portions, suivant sa
fertilité et la saison, c'est-à-dire selon que le
grain pousse plus ou moins vite. On sèmera tous
les jours, en blé, orge, avoine, gros millet, maïs,
laitue, etc., la portion que l'on aura fait manger ;
puis on la recouvrira de broussailles, qui ne s'opposent pas à la levée du grain, mais seulement au
dégât des poules ; le premier semé sera le premier
mangé. Avant d'y lâcher la volaille, on enlève
les fagots ou la broussaille, et on les place sur le
carré qu'on vient d'ensemencer ; ainsi, il n'y en a
jamais qu'un de découvert.

Par cette opération, on augmente
la puissance et la quantité nutritive du
exemple, chaque grain de blé, d'orge, etc.,
5 centigrammes, donnera lieu à une jeune
qui unie à ce qui reste du grain donne un poi
de 15 à 20 centigrammes. Cette tige, te
féculente et sucrée, est un aliment sain et
nourrissant pour la volaille ; ainsi, l'éleveur
et quadruple son grain. Un décalitre de m
d'orge en fait réellement trois on quatre.

On fera bien de semer des pois, de la jaro
et d'autres grains moins coûteux qui don
souvent le quadruple de leur poids en jeunes
tiges, très-recherchées de la volaille. On fera
même bien, durant l'hiver, de laisser pousser
peu plus la jarousse ou d'autres grains d
végétation n'est pas toute annulée par la sai
rigoureuse ; les poules ne s'en trouveront que
mieux. Nous avons fort utilement fait recueilli
des grains de seneçon, de mouron, de chicorée,
de laiteron, de pissenlit, d'ortie, etc., et nous les
avons semés dans des carrés, pour ne les livrer
aux poules que dans un état de végétation plus
ou moins avancée. Rien ne leur plaît davantage
en hiver.

Voilà donc, par ces trois principaux moyens

le problème de la nourriture à bon marché résolu.

Pour le reste de l'alimentation, nous nous garderons bien de conseiller le son repassé, les grains avariés, les débris de récolte ; cette dernière substance doit être laissée aux fermes qui élèvent quelques volailles sans soin. Nous conseillons au contraire du bon grain : l'orge, le maïs, l'avoine, le blé noir ou sarrasin de bonne qualité, et le premier son, parce qu'il contient encore un peu de farine. Il faut y joindre des pommes de terre cuites et les épluchures de cuisine (1).

On ne donnera jamais un repas composé d'une seule qualité de nourriture : 15 grammes d'orge ou de blé noir par poule, et 30 grammes de pâtée composée de son pétri avec des orties cuites, de la laitue hachée, etc..., sont un bon repas ;

Ou bien une cuillerée d'asticots ou vers de terre, 15 grammes de grain et quelques pincées de laitue hachée ;

Ou encore un repas fait de grain levé et autre herbe dans le carré découvert.

En variant ainsi la nourriture, on verra prospérer les poules, qui, d'ailleurs, trouvent toujours

(1) Dans les grandes fermes, ces épluchures sont mises dans une marmite avec peu d'eau, pour les faire cuire et les donner ensuite mêlées à du son.

quelque pâture : des vers, des insectes, des
grains dans le fumier et le gazon, dans les herbes,
dans les cours. Les poules dévorent tout ce
a vie : insectes même venimeux, tels que araignées, mouches, hannetons, papillons et scorpions. Elles prennent et mangent fort bien les
souris. Deux repas par jour suffisent. On fait la
distribution au son d'une cloche ou d'une cré-
celle, plutôt que de la voix, et chaque fois dans la
basse-cour, ou dans le poulailler.

Terminons cet article par quelques préceptes
fort importants. Il faut donner autant de nourriture herbacée que l'on peut en hiver ; parce que,
dans la nature, les perdrix et autres granivores se
nourrissent principalement d'herbes durant cette
saison. La raison physiologique en est que, dans
ces temps froids, les forces vitales se concentrent
à l'intérieur et la soif diminue avec les sécrétions.
Les grains ou les vers en excès échauffent trop la
volaille. Ce précepte s'applique à tous les oiseaux.

Un autre précepte, c'est de donner un peu
plus de grains en été : les pâtées sont composées d'herbes bouillies, ou même crues, mais
hachées menu, et de son, pommes de terre cuites,
farines de maïs, de blé noir. De telles pâtées,
formant un repas pour quinze cents poules,

tres élèvent des poules en aussi grand nombre qu'ils peuvent, afin d'en tirer le plus de profit possible. Nous dirons aux premiers qu'ils ont beaucoup à profiter de ce qui précède et de ce qui suit, et, s'ils sont de bonne foi, ils avoueront que leurs poules, ainsi abandonnées à elles-mêmes, leur coûtent plus cher que ce qu'elles produisent. Nous dirons aux autres que, pour élever en grand ce petit bétail, ils se substituent en partie à la Providence, et doivent étudier les mœurs, les besoins et les goûts des animaux qu'ils élèvent pour être leur seconde providence, les faire prospérer et en tirer tout ce qu'ils peuvent produire.

Les uns et les autres entreront facilement dans notre système d'alimentation ; chacun le modifiera suivant la localité, le nombre des volailles, le but qu'il se propose, les moyens qu'il a entre les mains, tout en se dirigeant d'après les principes que nous allons développer.

Dans l'industrie des basses-cours, éducation des lapins, des poules, des pigeons, des dindes, des oies, des canards, des ortolans, des oiseaux de volière, il est question de transformer des denrées d'un certain prix de revient en viande, en graisse, en animaux d'un prix plus élevé: voilà le problème. Les articles suivants serviront à résoudre :

1° Nourriture des pondeuses ;
2° Nourriture des couveuses et des poussins ;
3° Nourriture des poulets de la deuxième et troisième division ;
4° Nourriture des chapons et des poulardes ;
5° Engraissement.

1° *Nourriture des pondeuses.*

Indépendamment de leur basse-cour, les poules élevées pour la production des œufs doivent avoir un champ dans la proportion d'un hectare par mille poules, plus ou moins, suivant la bonté du terrain qui doit toujours être sablonneux et perméable à l'eau des pluies. On l'entourera d'une haie de 3 mètres d'élévation, si la haie est composée de poteaux minces et d'échalas sur lesquels les poules ne puissent se percher, un sac

Ce terrain sera complanté, comme la basse-cour, d'arbres, d'arbustes et de plantes dont les fruits : faînes, mûres, arbouses, cerises, baies de troëne, de sureau, fraises, etc., plaisent aux poules. Un coin sera réservé aux vers de terre, un autre coin à la verminière factice, et le reste à la culture des céréales, laitues, et autres herbes destinées aux poules.

VERS DE TERRE. — Une terre meuble, un peu argileuse et toujours humide, est nécessaire. On la fera bêcher à un demi-mètre, en enfouissant perpendiculairement 5 kilogrammes de paille fraîche par mètre carré ; la surface, souvent humectée, sera recouverte de vieilles planches ou de pierres plates ; en hiver elle sera recouverte de 10 centimètres de paille et de fumier. On ne fera pas mal d'ajouter par dessus des vieux bois, des fagots, tout cela afin de tenir la terre humide en été, chaude durant la saison rigoureuse, et d'y attirer beaucoup de vers.

Ainsi préparée, cette terre peut donner un repas à cent cinquante poules par 2 mètres carrés. On bêche cette terre, on la retourne, on l'éparpille, afin que les poules la fouillent et mangent les vers qu'elle contient. Le repas achevé, on la réunit au même endroit en ensevelissant un peu de nouvelle paille, et le jour suivant on fait la même opération sur 2 autres mètres carrés. Au bout de trente jours on revient au premier endroit, qui est de nouveau peuplé de vers de terre, et ainsi de suite. 60 mètres carrés de cette

sorte de terrain nous ont fourni pendant [...]
mois un repas par jour pour cent poules.

2° VERMINIÈRE FACTICE. — Il y a un au[tre]
moyen, un peu moins simple, de se procure[r des]
vers : c'est l'établissement d'une verminiè[re et c'est]
que nous allons la décrire. Dans le point le [plus]
chaud de l'enclos on creusera plusieurs fo[sses]
qui dans leur ensemble pourront conten[ir les]
matériaux capables de donner un repas, [tous]
les jours ou tous les deux jours, à la volaille[. On]
étend dans le fond un lit de paille de seigle hach[ée]
ou brisée menu, ayant de 15 à 20 centimè[tres]
d'épaisseur ; on la recouvre d'une couche de [six]
centimètres de crottin frais de cheval ; on mè[ne]
par-dessus 15 millimètres de terre, et on y répand
toutes les matières putrescibles que l'on a sous la
main : sang de bœuf, tripailles, animaux mor[ts],
débris de boucherie, farine, grains, racines féculentes avariées, pommes de terre germées, lav[ure]
de la levûre de bière ou tout autre ferment ; tout
cela formera une couche d'environ 9 centimètres.
Il faut ensuite la recouvrir d'un peu de la mêm[e]
paille qu'on a mise au fond, d'une nouvelle
couche de terre et de quelques fagots qui empê-
chent les poules d'y gratter.

la main les objets indiqués. L'aide saisit le
coq et le place renversé sur les cuisses de l'opérateur, qui doit saisir le cou de l'animal avec
ses genoux pour maintenir la partie antérieure
du corps, pendant que l'aide, tenant les pattes,
porte la droite en arrière et la gauche en avant,
le long du corps ; le ventre et le flanc gauche
étant ainsi découverts, l'opérateur arrache les
plumes à l'endroit où doit être faite l'incision, à
3 centimètres environ au-dessous et à gauche
du cloaque ; ensuite, il soulève la peau du ventre avec l'aiguille pour l'éloigner des intestins,
puis l'incise transversalement, de manière à
obtenir une ouverture par laquelle il puisse
facilement passer le doigt indicateur. Par cette
ouverture, il introduit le doigt, en soulevant l'intestin jusqu'à la hauteur du gésier, où il ren-
contre le testicule gauche (adossé à l'épine
dorsale), qu'il détache et amène au dehors ;
il répète la même manœuvre pour le testicule
droit ; ensuite il arrange les intestins, s'ils
étaient déplacés, rapproche et affronte les lè-
vres de l'incision, qu'il assujettit en contact
avec quelques points de suture au fil ciré. Si,
ce qui arrive quelquefois, l'un des testicules
s'échappe et s'égare dans l'abdomen, il est

inutile de perdre du temps à le chercher : la
présence de cet organe est sans inconvénient
dès qu'il a été détaché. On doit apporter la plus
grande attention à éviter de piquer l'intestin ou
de le comprendre dans les points de suture,
ces accidents étant ordinairement mortels. Dans
quelques localités, les personnes qui chaponnent ont l'habitude de faire avaler au malheureux animal les organes qu'elles viennent de lui
enlever : c'est là une pratique au moins ridicule.
Pendant qu'on tient les animaux qui viennent d'être chaponnés, on leur ampute ordinairement la crête, ce qui permet de les reconnaître facilement dans le troupeau. Les crêtes
et les organes sexuels enlevés, recueillis et préparés convenablement, constituent un mets
très-délicat.

» L'animal qui vient d'être opéré doit être
placé dans un endroit tranquille, sur de la paille
fraîche. Il sera prudent de l'empêcher de percher sur les juchoirs jusqu'à entière guérison.
La prudence exige encore qu'il ne soit pas tenu
trop longtemps éloigné des autres volailles, qui
pourraient ensuite le méconnaître et l'attaquer.
A partir du moment qu'il est opéré, on peut
mettre à sa portée de la nourriture et de la

boisson. S'il arrive que les animaux soient très-affectés, il faut visiter les plaies et s'assurer de leur état, les laver avec de l'eau tiède si la suppuration est abondante. Quelques sujets refusent de manger et menacent de périr ; dans cette circonstance, il est préférable de les sacrifier, afin de ne pas les perdre totalement ; ils peuvent être consommés sans inconvénient. »

Nous décrivons dans un autre chapitre les soins que demande la volaille soumise à l'engrais. Mais disons ici que si les oies et les canards s'engraissent complétement sans être châtrés, il ne semble pas impossible d'obtenir ce résultat pour les gallinacés. Déjà les éleveurs ne chaponnent plus les volailles du Mans, ou plutôt de la Flèche. Cette opération se réduit souvent aux coqs partout ailleurs. On peut donc s'en dispenser, mais à la condition expresse de séparer les jeunes coqs des poulettes après la mue, et de les tenir ensemble jusqu'au moment de procéder à leur séquestration pour l'engraissement. Les coqs doivent n'avoir jamais servi de poule et les poulettes n'avoir point encore pondu.

CHAPITRE V.

DE LA NOURRITURE.

La question de la nourriture est le grand sujet de préoccupation des éleveurs, et la grande pierre d'achoppement contre laquelle viennent échouer la bonne volonté des uns et la mauvaise économie des autres. Ceux-là, considérant les substances un peu plus recherchées données en aliment aux poules qui pondent et à celles qui couvent, en concluent que le gain est au-dessous de la dépense ; les autres, sans égard aux âges et à la distinction des divers sujets, distribuent également à tous la même alimentation, et se trouvent à la fin bien loin de compte.

Rien pourtant n'est plus facile que d'accorder l'excellence des produits et la santé des poules avec l'intérêt des éleveurs. Parmi eux, les uns se contentent d'élever assez de volaille pour consommer les mauvais grains et les résidus d'une ferme, et ils se croient autorisés à ne prendre d'autre précaution que de destiner pour les poules un méchant réduit, où elles sont censées déposer leurs œufs et jucher ; les aunous revenaient à 3 francs. On trouvera fréquemment utile de leur donner des laitues entières, qu'elles picotent et mangent avec voracité. Le grain se distribue surtout le matin.

Il faut réserver l'avoine et les vers comme nourriture habituelle, pour l'automne, afin de prolonger la pondaison, et pour la fin de l'hiver, afin de la rendre plus précoce.

2° *Nourriture des couveuses et des poussins.*

Les couveuses mangent peu, ne font ordinairement qu'un repas vers le milieu de la matinée; elles sont très-échauffées et toujours constipées; la diarrhée ou les fientes faciles sont toujours, chez elles, un indice de mauvaise santé.

On ne leur donne que des graines et de la pâtée, avec quelques vers de terre, mais jamais de vers asticots, qui les échaufferaient davantage, et rarement quelques herbes; car il faut soutenir leurs forces et savoir que la constipation est, pour les couveuses, l'état normal.

Nous recommandons particulièrement, pour elles, de l'eau bien fraîche et bien pure à l'abreu-

voir; de la poudre composée comme il [...]
page 43, et à leur portée afin qu'elles se p[...]
à leur aise et détruisent à mesure les [...]
qui les inquiètent jusqu'à leur faire aband[...]
leurs œufs; enfin, nous recommandons une [...]
veillance active, surtout aux heures de leur [...]
de crainte qu'elles ne changent de panier, qu'[...]
ne se privent d'aliments, qu'elles ne rentre[...]
leurs œufs avec les pattes sales.

La nourriture des poussins consiste en pet[...]
miettes de pain et en œufs durs hachés fort m[...]
Après quelques jours de cette nourriture sèch[...]
que le poussin humecte en buvant dans une
assiette d'eau bien pure, on fait quelques p[...]
de blé noir, de pommes de terre, d'autres [...]
et matières féculentes, où l'on mêle d'ab[...]
quelques œufs, pour les supprimer au bout de h[...]
à dix jours. On donne de bonne heure des grain[...]
brisés grossièrement : orge, blé noir, maïs, pu[...]
quelques asticots, œufs de fourmis ou vers de
terre, qu'on leur jette avec la bêche. On peut tou[...]
jours destiner un coin, contre les murs de leur
petite basse-cour, à la reproduction de ces sortes
de vers, dont ils deviennent très-friands; on en
tire deux ou trois bêchées par jour, qui suffisent
pour les poussins de deux ou trois couvées.

On aura toujours soin, dans le but d'économiser la nourriture un peu plus délicate des poussins, de donner à la poule qui les conduit des pitances plus convenables et moins coûteuses : elles becquètent volontiers une laitue et d'autres herbes, dévorent une ration de pâtée commune et de grains entiers. Les poussins y touchent sans inconvénient et s'habituent peu à peu à la nourriture qui les attend dans les deuxième et troisième divisions.

Nous nous faisons un devoir de répéter ici ce que nous disons dans notre traité de l'*Éducation du pigeon*, en parlant de la nourriture du *faisan* et des gallinacés délicats ; il s'agit des *fourmilières*. Lorsqu'on en a trouvé dans les talus et les gazons, il faut ne pas les détruire après en avoir enlevé les œufs. On doit au contraire, avant de les recouvrir de terre, poser sur le creux qu'on a fait une ou plusieurs pierres plates, puis un peu de feuilles de litière et recouvrir de terre. Au printemps suivant, on enlève les pierres, on trouve au-dessous une grande quantité d'œufs qu'on enlève encore, et l'on dispose de nouveau les pierres plates comme la première fois. Par ce moyen, on multiplie les fourmis d'une manière étonnante ; elles recherchent ces nids mis à cou-

vert des eaux de pluie par les pierres et
de nombreuses pontes. Les œufs de fou
fortifient puissamment les poulets, les font
plus vite et les mettent à l'abri des dangers
mue.

3° *Nourriture des poulets des 2° et 3° divisions.*

Quand les poussins sont retirés à leur
on les réunit dans une deuxième division,
combine la nourriture plus délicate des pou
avec une alimentation plus grossière qui
l'estomac; mais en leur donnant un peu
largement des œufs de fourmis jusqu'au-de
la mue.

C'est ici le lieu de faire observer que l'estom
des gallinacés, comme celui de tous les oiseau
granivores, est un muscle creux, épais, d'une
grande puissance de contraction; la membrane
qui le tapisse à l'intérieur finit, dans le progrès
de l'âge, par devenir cartilagineuse, osseuse
même sur quelques points, ce qui permet à
l'estomac, en resserrant ses parois, de broyer des
corps durs, non-seulement les grains, mais des

sements de petits animaux, des limaçons, des coquilles de noisettes, etc. C'est pour faciliter le broiement des grains que les poules et les autres oiseaux avalent une multitude de petites pierres, du gravier rond, dont la résistance aide l'estomac à broyer les matières alimentaires qu'il contient.

« Il faut, sous peine de voir dépérir la volaille, non-seulement mettre à leur portée le gravier et les petits cailloux nécessaires à leur digestion, mais encore introduire dans le système de leur alimentation des substances nutritives dures, que l'estomac *travaille* ; car l'estomac est doué d'une somme d'énergie vitale qu'il doit dépenser si l'on ne veut pas voir la nutrition s'affaiblir. On tiendra donc compte de ces données dans l'éducation des poulets, des poules, et de tous les oiseaux ; on ne doit négliger aucune précaution surtout à l'âge où s'opère la mue. Cet état critique, pendant lequel les poulets changent leur duvet contre les plumes fixes, est dangereux et fatal à un grand nombre.

Les poulets qui ont de trois à six mois forment la troisième division. Il n'est pas mauvais de les faire pâtir un peu, de restreindre leurs rations, de leur donner des pitances moins succu-

lentes et moins coûteuses : le sel et des [...]
qui contiennent des sels calcaires, com[...]
coques de fruits, les siliques de pois, fèves
concassées mêlées à des pommes de t[erre]
cuites, un peu d'avoine. Cette alimentation[...]
forme les os et les muscles, dispose fort bien
l'engrais. Elle convient, soit pour les sujets que
l'on veut porter au marché, car on n'aura[...]
les nourrir un peu mieux quinze jours aupa-
vant pour leur donner un demi-engrais (p[lus]
de grains), soit pour ceux qu'on destine à l'engrais complet. Dans tous les cas, tous prendront
chair plus vite et plus facilement.

En supposant qu'on vende la moitié des poulets à l'âge de cinq à six mois, cette moitié paye
la dépense de l'autre moitié que l'on garde pour
la production. Mais qu'on ne néglige pas les
frais de surveillance et les menus soins; la
réussite ici est toute dans les détails. Une ou
deux personnes, suivant le nombre des volailles,
et surtout la vigilance de l'œil du maître, conduisent à des résultats qui compensent surabon-
damment ces frais et ces travaux, jugés au premier abord les moins utiles, et qui sont en réalité les plus importants.

4° *Nourriture des chapons et des poulardes.*

Il s'agit dans cet article de la volaille que l'on veut engraisser. Pour cela quatre choses sont nécessaires : une nourriture spéciale, le repos, l'obscurité et l'air confiné. Nous supposons les poulets préparés, chaponnés ou non, et les poules jeunes n'ayant point encore pondu.

Plus on leur donnera de calme et d'obscurité, avec un air renfermé, moins il faudra de temps et de nourriture pour les engraisser. L'intérêt de l'éleveur consiste à combiner ces choses dans de justes proportions. L'expérience dit hautement que les chapons qui vont et qui viennent librement, mettent trois fois plus de temps à s'engraisser, mangent beaucoup plus et ne sont jamais aussi gras que les chapons renfermés.

Les sujets à soumettre à l'engrais doivent avoir achevé toute leur croissance, c'est-à-dire avoir de six à huit mois, selon les races. Plus jeunes, ils profitent de la nourriture de l'engrais pour prendre chair, et ne s'engraissent que plus tard. Plus vieux, ils peuvent s'engraisser même rapidement, mais un grand nombre en souffre, ne s'engraisse pas ou tombe malade.

Le système des cages destinées à la volaille à l'engrais n'a rien de déterminé. La cage consiste en général en une série d'étagères à barreaux, avec des séparations très-étroites, ayant le devant assez ouvert pour que l'oiseau puisse avancer la tête et puiser dans deux ou trois godets où se trouvent la nourriture et la boisson. Du reste, pas de lumière, mais obscurité presque totale. La nourriture consiste en très-peu ou point d'avoine, quelques graines, surtout le maïs, et en beaucoup de farineux, farines de blé noir, de maïs et de pommes de terre. Les graines huileuses, comme la noix, la noisette, la faîne, sont très-avantageuses quand le prix de revient est convenable ; celui des faînes surtout est réduit au prix de cueillette dans plusieurs contrées.

Il convient d'habituer les sujets à l'engrais en les faisant passer une première semaine dans un compartiment obscur, mais en liberté.

On les place ensuite dans ces cages étroites dès la seconde semaine, en employant le système de nourriture que nous venons d'indiquer ; ce système suffit pour tous les propriétaires qui consomment leurs volailles, et pour les éleveurs qui ne veulent pas pratiquer l'engraissement complet. Les animaux doivent recevoir dans les derniers jours l'arôme qu'on leur préfère : genièvre, coriandre, anis, fenouil, persil, céleri, muscade... L'une de ces substances réduite en poudre, leur est donnée à doses convenables, tous les jours matin et soir, mêlées à une certaine quantité de farine qu'on leur fait avaler par force.

5° *Engraissement.*

Dans un lieu sombre et éloigné du bruit, une espèce de cave ou de sous-sol dont la température est peu variable et l'air peu renouvelé, on place une série de cages, qui doivent renfermer chacune un sujet à l'engrais, selon sa grosseur ; il est là dans une prison cellulaire. Nous ne la décrirons pas autrement, sachant qu'il appartient à chaque éleveur de tirer parti des lieux et des moyens dont il dispose. Seulement, les cages doivent être étroites, afin que l'animal ne puisse se livrer à des mouvements suivis ; et la partie supérieure doit être mobile, afin qu'on puisse la soulever comme une trappe, parce que lors-

qu'il s'agit d'*emboquer*, il est nécessaire de
chaque volaille isolément, de la tirer de sa
et de l'y remettre commodément.

Aujourd'hui il est démontré que toutes de
pratiques barbares d'autrefois, et encore e
usage dans quelques provinces, sont inutile
Ainsi il ne s'agit plus de crever les yeux a
animaux à l'engrais, ni de les clouer pa
pattes sur une planche, ni de les renfermer dan
un pot. Les cages cellulaires dont nous avon
parlé suffisent.

Le système d'engraissement comprend trois
périodes. Celui que nous conseillons est le plus
rapide et est complet en 20 ou 30 jours.

1re *période*. L'animal est *mis en chair* par une
nourriture particulière, comme nous l'avons di
(*nourriture des 2e et 3e divisions*).

2e *période*. L'époque de l'engraissement
venue, et les sujets choisis, on les séquestre en
un lieu obscur, où ils restent encore libres pendant une semaine, en recevant la nourriture
désignée plus haut. Ils sont ainsi préparés à la
3e période.

3e *période* ou d'engraissement complet. Les
animaux sont repus et ne tarderaient pas à manger moins, si on ne les emboquait. On les isole

donc chacun dans sa cage ; et on les soumet à *l'emboquement* deux fois par jour. Une femme experte ne peut guère en soigner plus de cent dans sa journée. Mais comme chaque séance dure longtemps, parce que l'on ne peut donner à manger qu'à une volaille à la fois, il est nécessaire de numéroter les cages et de commencer toujours par les mêmes en suivant les cages par ordre de numéro, afin que chaque pièce reçoive chaque jour ses repas à la même heure.

La nourrisseuse prend deux pièces à la fois, enveloppe leur corps dans un linge, à l'exception de la tête, et les dépose sur ses genoux. A côté d'elle sont un vase d'eau et un plat où est la pâtée.

Cette pâtée est épaisse ; on en fait des boulettes comme des olives et on force la volaille à les avaler jusqu'à ce que son jabot soit plein. Afin de faciliter l'ingurgitation, on prend alternativement chacune des pièces. Dès qu'on a fait avaler deux ou trois boulettes, à l'une d'elles, on fait la même chose à l'autre. Avant de mettre une boulette dans le bec, on la trempe dans l'eau, ce qui facilite sa descente. Il est rare d'avoir à en donner plus de quinze par repas à chaque pièce. A la fin, on doit, avec le pouce, aider les boulettes à descendre dans le ja[...]

La pâtée est composée de farine crue de m[...] et de lait frais. On peut employer la farine de b[...] noir, d'orge, de faîne, également crues.

Nous ne parlons pas de l'engraissement par entonnage, parce qu'il réussit moins que ce lui-ci, et que d'ailleurs il ne se fait pas toujou[rs] sans accident pour quelques volailles qui, par suite de dispositions inconnues, succomb[ent] ou n'engraissent pas. Toutes ne consom ment pas la même quantité de pâtée. Quel ques-unes se trouvent mieux de boire ; à d'au tres la nourrisseuse ne fait pas avaler de l'eau utilement. Enfin les unes sont à point au bout de 20 jours, d'autres ne sont parfaitement grasses qu'au 30ᵉ et même au 40ᵉ jour de leur mise en cage. Tout cela dépend de leurs dispositions et de leur puissance digestive. Aucune règle ab solue ne peut être donnée à cet égard, et ce n'est que la grande habitude qui peut permettre aux nourrisseuses de discerner si chaque repas est suffisant, si le jabot s'est bien vidé d'un repas à l'autre.

Mais pour couronner l'œuvre, il est encore nécessaire de donner de l'huile ou de la graisse à dater du 10ᵉ jour de la séquestration : une cuillerée d'huile à chaque repas, ou une boulette de suif ou de saindoux.

Enfin, une semaine avant la fin de l'engraissement, il faut songer à parfumer les volailles, suivant les désirs des consommateurs, le goût des acheteurs. On fait pour cela des boulettes avec de la farine d'orge sans le son et de la poudre de l'une des substances choisies : cannelle, coriandre, angélique, genièvre (10 à 15 centigrammes de cannelle et des substances foites, 25 ou 30 de baies de genièvre mêlées à un peu de farine d'orge réduite en pâte avec du lait). On peut y incorporer les baies de genièvre entières ou écrasées, les grains de fenouil, de coriandre. L'habitude encore ici peut seule indiquer la quantité d'aromate nécessaire au développement d'un fumet, d'autant plus délicat, qu'il est presque imperceptible. La dose indiquée suffit ordinairement ; on la donne le matin et le soir.

Lorsque quelques pièces réussissent très-bien et que l'engraissement est susceptible de les rendre plus remarquables, certains nourrisseurs les poussent plus loin et en font des morceaux dignes de figurer dans une exposition. Il ne faut alors commencer à leur donner le parfum que dans les derniers jours, comme pour les autres.

Avertissons qu'au point de vue du produit, il est probable que l'engraissement complet ne peut se pratiquer que dans les contrées où les grains et farines employés se récoltent et sont à plus bas prix ; il nous paraît aussi qu'il ne peut se pratiquer avantageusement qu'à l'égard des races qui peuvent acquérir un poids d'environ trois kilogrammes ou plus.

Il faut que l'éleveur les vende au prix de 3 fr. le kilo, c'est-à-dire 8 à 9 fr. la pièce, en moyenne, pour obtenir un profit de 1 fr. 50 à 2 fr. sur chacune d'elles ; car elles lui coûtent de 6 à 7 fr. d'achat et d'engrais.

Supposons qu'il achète les poulets à 1 fr. 50 e l'un. Ils consomment en moyenne 3 à 4 fr. chacun de farine de maïs, de lait, de substance grasse, pendant les 25 à 30 jours de l'engraissement. Ajoutez, pour chaque, la part de journées de nourrisseuse, les pertes et faux frais, l'intérêt du capital, c'est un déboursé de 6 à 7 fr.; mais il serait facilement de 8 fr. si l'on payait les grains au-dessus du prix de la campagne, à la récolte, et le lait au prix auquel il est vendu dans les villes. Aussi conseillons-nous, avant de se livrer à cette industrie de s'entourer de tous les éléments de pratique et de bon marché, seules conditions du succès. Un grand nombre d'éleveurs trouvent mieux leur compte à vendre les poulets maigres, ou à les engraisser à moitié, d'en faire ce qu'on appelle des *poulets de grains*.

CHAPITRE VI.

DES MALADIES. — DE L'HYGIÈNE.

Une expérience étendue et réfléchie nous a prouvé que la volaille, soignée d'après les conseils que nous venons d'exposer dans les cinq chapitres précédents, n'est jamais malade.

Les causes des maladies sont :

1° L'eau croupissante des mares et des fumiers ;

2° L'excès de grains à l'époque des récoltes, surtout quand les sujets paissent librement dans les champs nouvellement moissonnés ;

3° La chaleur excessive avec une nourriture trop herbacée ou froide ;

4° Le grand froid joint à l'humidité ;

5° Un poulailler et des basses-cours pavé celles où l'eau se répand sur le sol et tient sans cesse mouillées les pattes de la volaille celles où elles ne peuvent se poudrer, ni se gratter, ni se réchauffer au soleil ou sur le fumier;

6° La malpropreté qui engendre la vermine, trouble les fonctions de la peau et empoisonne lentement ces organisations fragiles qui respirent un air chargé de miasmes.

Ces six causes de maladies sont combattues par les moyens que nous avons conseillés. En général, dès qu'une maladie, même épidémique, éclate dans une basse-cour, on doit modifier le régime, et veiller à la propreté, changer la volaille de place. Ceux qui, dans quelques écrits, ont voulu citer des noms de maladies des poules, ont suivi une routine qui n'est pas dans nos habitudes. Ce sont des lieux communs inutiles. Un remède, un moyen curatif ne doit jamais être mis en usage sans savoir à quel mal on a affaire. Or, les maladies des poules sont et restent indéterminées dans leurs formes et dans leur nature ; donc, on ne doit pas leur appliquer un moyen déterminé. La pépie elle-même, cette maladie séculaire, connue des Romains et des Grecs, qui ont écrit sur les basses-cours, la pépie est une maladie dont la nature nous échappe. De tout temps, on a voulu lui attribuer pour cause la privation de l'eau et l'usage de l'eau de fumier ; mais elle se produit aussi en dehors de ces causes. Son principal symptôme, la maigreur toujours croissante, est uni à un autre : le desséchement de l'extrémité de la langue, qui se durcit et devient comme un corps étranger qu'il est bon d'arracher ; mais ce symptôme ne constitue pas la maladie, puisque ces poules meurent également si on ne change pas leur régime. Sous les noms d'apoplexie et de convulsions, on ne signale pas des maladies définies ni connues dans leur nature ; tirez du sang ou n'en tirez pas, les poules mourront également.

On se fait volontiers illusion sur ces choses : on nomme une maladie, on cite un moyen de guérir, on se le communique avec confiance, on le transmet aveuglément ; les auteurs eux-mêmes se copient, et on les croit sur la parole première, donnée souvent avec autant de légèreté que d'ignorance. Nous aimons mieux ne nommer aucune maladie, n'indiquer aucun moyen curatif, et nous contenter de mettre nos lecteurs en garde contre ceux qui ont été

proposés. Ils ne doivent se fier qu'à la bonne
hygiénique organisation de leur basse-cour.
Ceci soit dit pour toutes les autres espèces d'oiseaux.

Mais nous leur donnerons des moyens faciles
de fortifier la constitution des poules et de les
rendre moins accessibles aux effets accidentels
des causes de maladie. Indépendamment du
régime et de la nourriture, réglés comme nous
l'avons fait, on mettra dans l'abreuvoir des
poussins, durant le premier mois, 30 grammes
de soufre en canon, cassé par morceaux. On lè-
vera ces morceaux chaque fois que l'on chan-
gera l'eau, c'est-à-dire tous les jours. On en
agira ainsi pendant quinze jours. Puis on mettra
dans les abreuvoirs une autre substance, 30 gr.
de mine de cobalt, appelée vulgairement mort
aux mouches; on ne la mettra pas en poudre,
mais en petits morceaux, comme le soufre, et on
en agira comme pour cette matière. Il faut changer tous les quinze jours de substance : tantôt
le soufre, tantôt la mine de cobalt dans l'eau de
l'abreuvoir.

Ces moyens entraient sans doute pour quelque chose dans la santé inaltérable des poules
de nos basses-cours : ils ne sont pas coûteux,

et il suffit de renouveler ces substances une fois par an, parce que, dans le cours de l'année, on se contente de les casser de temps à autre. Ces moyens nous ont toujours été utiles, et nous ne saurions trop les recommander.

Une excellente précaution consiste à surveiller les poules en deux choses principalement: plumes et fientes. Les plumes deviennent-elles ternes, dépolies, hérissées même, les poules souffrent le plus souvent alors de froid, d'humidité ou de défaut de nourriture ; il faut y remédier. Les fientes sont-elles molles, liquides, mal digérées, il faut donner un peu d'avoine ou de chanvre ; si elles sont trop dures et sèches, on leur donne un peu d'herbe et de pâtée ; enfin, dans toutes les circonstances où l'on voit dépérir la volaille, il est nécessaire d'apporter une modification dans son régime et dans sa manière d'être.

Nous ne devons pas omettre de conseiller l'enlèvement du fumier, des fientes de dessous le juchoir, plusieurs fois par semaine. On les dépose dans de vieux tonneaux ou dans de grandes fosses à couvert de la pluie, d'où on les extrait pour les vendre ou les utiliser. Remarquons que ce fumier rend à raison de 2 fr. par tête tous les ans; mais il faut le recueillir exacteme...

CHAPITRE VII.

OBSERVATIONS DIVERSES.

1° Sur les produits; 2° sur les œufs; 3° sur les couveuses; 4° sur la manière de saigner la volaille.

1° Depuis notre première édition, le commerce des volailles et des œufs a pris un grand développement, et les prix se sont considérablement modifiés. Aujourd'hui, nous ne chercherons pas à établir la balance entre les dépenses et les revenus d'un poulailler ; tout cela varie suivant les provinces, les saisons, le voisinage des villes. C'est pour l'éleveur une affaire de détails, et de système d'alimentation. Nous ne pensons pas qu'il puisse obtenir d'heureux résultats s'il se borne à donner des grains ; mais il peut réaliser de gros bénéfices s'il combine les grains aux vers de terre, aux herbes ; s'il organise des fourmilières selon ce que nous avons dit. Tout le succès de l'éleveur en grand est là ; et lui seul pourra se livrer avec succès à l'engraissement de ses produits.

2° La cueillette des œufs est une chose importante; on doit n'y procéder que vers le milieu du jour, ou pendant le repas du soir. Toutes les poules que l'on trouve alors sur les œufs sont ordinairement des couveuses qui s'essayent. On retire tous les œufs de chaque panier, à l'exception d'un seul que l'on marque d'un coup de crayon. Il est enlevé le lendemain.

Des tiroirs contenant du son sont destinés à conserver les œufs suivant leur âge, soit pour la consommation, soit pour être couvés; ceux-ci seront les plus beaux, sans gaufrures ni excès d'épaisseur à leurs bouts, et par série de même âge.

3° Lorsqu'on veut empêcher une poule de couver, on la séquestre dans un coin du parc, à l'air, avec un abri contre la pluie, et on la laisse 48 heures sans manger. Ensuite, on lui donne de l'herbe et surtout de la laitue pendant un jour, et le quatrième jour on la remet dans la basse-cour. Quelques-unes pourtant sont plus réfractaires et ont besoin d'être tenues et soignées à part pendant plus d'une semaine avant de reprendre leurs habitudes.

On agit de la même manière à l'égard des poules auxquelles on a retiré leurs poussins elles continuent à les rechercher, à s'accroupir comme si elles les réchauffaient. C'est une manie, un effet de l'instinct, qui pourrait les empêcher encore longtemps de pondre, si on n'y apportait remède. Les poussins doivent être retirés à la mère, à l'âge de quatre à cinq semaines, suivant la saison et les locaux.

4° Les volailles pour la table doivent toujours être tuées lorsque l'estomac est dans un état de vacuité parfaite. On doit les séquestrer dès la veille, avant le repas du soir, et les saigner le matin. On les plume avant que leur corps soit refroidi. La meilleure manière de les saigner est d'introduire la pointe du couteau dans le bec, de l'appliquer contre le plancher supérieur du palais et de l'enfoncer dans le cerveau. On suspend ensuite la pièce par les pattes, pour faire écouler le sang. De cette manière on ne défigure pas la volaille par une blessure au cou. Mais il faut un couteau large qui atteigne les vaisseaux latéraux du crâne.

DU DINDON.

GÉNÉRALITÉS. — CHOIX DES SUJETS.

Il est inutile de faire la description de cet oiseau que tout le monde connaît. Mais il peut être à propos de prémunir ceux qui n'ont pas l'habitude des basses-cours contre les taquineries du dindon et les cruautés qu'il exerce contre les autres volailles. Il est impossible de ne pas éprouver de dégâts de sa part, si on le laisse dans la basse-cour commune.

Il y a deux manières de s'occuper de l'élève des dindons :

1° Les propager, les multiplier ;

2° Les engraisser ou les garder jusqu'à la vente pour la consommation.

Dans les deux cas, il faut avoir un local spécial. Quoi qu'il en soit, on n'a guère de profit dans l'éducation du dindon qu'en s'y livrant sur une assez vaste échelle. Il faut que le grand nombre des sujets donne un bénéfice net sur les frais, soit du local qui leur est assigné, soit des soins donnés aux dindonneaux et de leur nourriture, soit du dindonnier de la personne qui les mène aux champs. Néanmoins, les personnes qui achèteraient des dindonneaux ou des dindons maigres dans le but de leur faire consommer des débris de récoltes de fruits, de grains, etc., pour les engraisser, ces personnes y trouveraient un profit d'autant plus grand, que ces débris auraient par eux-mêmes moins de valeur ; c'est ainsi que nous avons vu 320 dindons procurer 880 fr. de profit net.

Mais cette éducation a, comme celle des vers à soie, ses déceptions ; elle ne réussit pas toujours. Il faut, pour la réussite, le concours de trois circonstances :

1° Une incubation heureuse ;

2° Un temps favorable au développement des dindonneaux ;

3° Un climat convenable.

Nous parlerons de l'incubation plus loin, ainsi que des circonstances favorables à la bonne venue des dindonneaux.

Quant au climat, on doit savoir que le nord et le midi de la France sont moins favorables que le centre. Le dindon réussit mal en Algérie, n pas seulement à cause des chaleurs de l'été, mais plus encore à cause de l'humidité qui y règne à la fin de l'hiver et au commencement du printemps. Les pays situés au nord de la France

Fig. 20. Dindon domestique.

et au delà sont d'autant moins propices à l'édu-cation de ces oiseaux, qu'ils sont plus humides et plus froids.

Les chroniques nous représentent le premier

6

dindon mangé en France sur la table de
Charles IX, le jour de ses noces. Il fait aujour-
d'hui l'ornement des tables dans certaines fêtes
de famille et, suivant qu'il est maigre ou gras,
coûte de 5 à 15 fr., et même davantage.

Par une exception singulière dans l'espèce de
volaille qui nous occupe, les sujets sauvages sont
plus gros que les sujets domestiques. Il en existe
de noirs, de gris et de blanchâtres. Le noir
paraît plus commun; il y en a aussi beaucoup de
couleur cendrée.

En général, on doit choisir pour la production
des sujets de deux à trois ans; plus jeunes, ils
n'ont pas la même fécondité; plus vieux, il n'est
plus possible de s'en débarrasser, soit parce
qu'ils ne prennent plus graisse, soit parce que
leur chair devient coriace.

On doit choisir le dindon plus haut sur ses
jambes que la dinde. Celle-ci doit avoir la
poitrine large, le corps gros et le croupion arrondi. Le mâle de bon aloi est vif, turbulent,
fier, très-irascible. Un mâle suffit pour six
femelles. Notre expérience ne nous permet pas
d'en conseiller plus ni moins. Nous sommes convaincu que le grand nombre d'œufs clairs qui
déconcertent les calculs de quelques éleveurs

...ient de ce que l'on donne trop de dindes à un mâle.

Ce que l'on cherche dans la dinde, ce n'est pas tant la production des œufs que celle de la chair. Aussi les corps les plus arrondis, les mieux disposés à engraisser sont-ils les plus utiles. C'est de l'Orléanais que proviennent les meilleurs sujets ; les éleveurs devraient tirer de là les œufs pour l'incubation, ou les dindes pondeuses.

Cet oiseau est le plus dépourvu d'instinct en apparence et en réalité ; cependant, on ne trompe pas facilement celui de la couveuse, et il faut user de stratagème pour qu'elle ne s'aperçoive pas des substitutions d'œufs ou de dindonneaux qu'on opère dans son nid ou dans sa couvée.

Les vieux dindons se reconnaissent aisément aux pattes, qui deviennent rouges depuis la deuxième année, et ensuite écailleuses. On est, de ce côté à l'abri de la fraude.

PONTE ET INCUBATION.

La dinde ne fait, à proprement parler, qu'une ponte. Elle a lieu dès la fin de février ou en mars ; elle consiste en un œuf tous les deux jours, sans discontinuation, jusqu'au nombre de quinze ou vingt. Mais si on l'a empêchée de couver au printemps, elle fait une deuxième ponte dans le mois d'août. Les œufs en sont plus souvent clairs, c'est-à-dire inféconds. Quelques personnes les font couver en les choisissant plus ou moins bien, et la réussite offre un peu plus de chance. Mais les dindonneaux périssent ordinairement dès les premières pluies d'automne.

Il y a des précautions à prendre pour recueillir chaque jour les œufs pondus ; car les dindes, comme les paons et les pintades, les cachent toujours quand elles le peuvent. On les en empêche en les retenant dans le lieu où elles ont passé la nuit, jusqu'à ce qu'elles aient pondu. On leur rend ce lieu agréable de façon à le leur faire choisir pour y déposer leurs œufs, si on dispose sur le sol des arbustes, des broussailles, par touffes entremêlées de recoins garnis de paille. Nous décrirons cette organisation d'un appartement pour la ponte en parlant des canards, auxquels il est beaucoup plus nécessaire, puisque les canards s'élèvent en outre pour les œufs, comme les poules.

A mesure qu'on recueille les œufs des dindes, on leur fait au crayon une marque circulaire et on y inscrit la date du mois. La marque en rond sera utile quand les œufs seront confiés à une couveuse : car, sans y toucher, on pourra toujours voir cette marque et distinguer les œufs que la dinde aurait pu pondre ensuite et ajouter ainsi, durant les premiers jours de l'incubation, aux œufs qu'on lui aurait déjà donnés. On comprend que ces œufs doivent être enlevés, parce que, ne pouvant éclore en même temps que les autres, ils seraient à peu près perdus. Toutes ces données s'appliquent à tous les autres oiseaux élevés en basse-cour ou en volière.

Observons encore que l'on ne peut guère mettre un œuf en plâtre ou en marbre dans le nid où la dinde va pondre, et d'où l'on retire les siens à mesure qu'elle les fait ; il vaut mieux lui laisser toujours le dernier pondu, en le marquant ; de cette manière, on ne s'expose point à lui voir abandonner le nid pour aller pondre ailleurs.

Les poules dindes, vers la fin de leur ponte, se mettent à glousser, à peu près comme les poules ordinaires, et perdent les plumes du ven-

tre, qui devient plus chaud ; elles recherchent
la solitude, restent volontiers sur les œufs;
enfin, elles y passent tout leur temps. Mais
admire en elles cet instinct, qui les fait rester
sur le nid où elles ont pondu, alors même qu'on
ne leur a jamais laissé qu'un œuf.

On réunit jusqu'à vingt œufs sous une couveuse ; on note le jour et l'on n'y touche plus.
La dinde les tourne comme il faut. Ils éclosent
du trentième au trente-deuxième jour, suivant
la chaleur du lieu et celle de la couveuse. Pendant tout ce temps, elle a besoin d'être surveil-
lée, car elle est si attachée à ses œufs, qu'il lui
arrive de s'abstenir entièrement de manger et
qu'elle tombe dans un épuisement fatal. Pour
éviter cet accident, on la prend sur son nid,
une fois par jour, on la pose à terre et on lui
donne à manger à peu près ce qu'on donne
aux poules ordinaires couveuses. On choisit
ce moment pour enlever ses ordures qui salis-
sent les œufs.

Il faut avoir soin que deux couveuses ne
soient pas trop voisines, car il leur arriverait
souvent de se battre en se remettant sur leur
nid, ou de se voler leurs œufs. Il convient aussi
d'examiner les œufs couvés au bout de huit à

neuf jours : on rejette ceux qui sont clairs, et l'on égalise ou l'on change les couvées ; enfin, on éloigne le mâle des couveuses, car il les maltraiterait.

Nous remarquons que les œufs de dinde ne sont pas, comparativement, aussi gros que ceux de la poule. Beaucoup plus grosse qu'elle, la dinde fait des œufs, dont douze ne pèsent pas plus que quatorze de la poule espagnole et vingt de la poule commune.

La dinde ne couve pas seulement après sa ponte, mais à peu près en toute saison et chaque fois qu'on lui présente des œufs. Nous avons pu obtenir cent vingt-cinq poussins de poules communes, en deux mois, en faisant couver leurs œufs à quatre dindes qui couvèrent deux fois de suite. On peut en tirer un grand avantage sous ce rapport, à condition de ne pas leur laisser conduire les poussins ; car elles les écrasent facilement en marchant sur eux, ce qui est un accident de tous les instants. Toutefois, on peut réunir sous une dinde soixante à quatre-vingts poulets ordinaires, qu'on soustrait, après quinze jours d'âge, à leur couveuse. L'éleveur y trouve son intérêt ; car la dinde ne pond pas dans le courant de l'année, tandis que les poules, dont on leur donne les poussins à conduire, se remettent à pondre peu de jours après. Dans cette opération, on n'a d'autre précaution à prendre, à l'égard de la dinde, si on ne la fait pas couver auparavant, que de la mettre pendant deux ou trois jours sur des œufs mauvais, puis, par une nuit sombre, de leur substituer la cohorte de poussins que, dès le lendemain, elle conduira parfaitement.

ÉCLOSION. — DINDONNEAUX.

L'éclosion, avons-nous dit, a lieu du trentième au trente-deuxième jour de l'incubation ; dans les meilleures conditions de chaleur et de couveuse, trente jours suffisent. L'éclosion des dindonneaux est plus simultanée que celle des poussins de poule ordinaire ; elle a lieu, pour tous les œufs d'une même couvée, en dix ou quinze heures.

Le dindonneau vient au jour armé d'un petit tubercule sur le bec ; il s'en sert pour briser la coquille de l'œuf. Ce tubercule ne tarde pas à se dessécher, à se racornir et à tomber. On ne doit point provoquer sa chute, comme quelques maladroits le conseillent ; la nature se charge de supprimer cet appendice devenu inutile. Nous recommandons également de ne point aider le dindonneau à briser sa coquille. Nul de ceux au secours desquels nous avions cru devoir venir, n'a échappé à la mort. Sans doute que, trop faibles, ils n'étaient pas viables; autant vaut qu'ils meurent dans la coquille.

Une fois débarrassés de leurs coquilles, les dindonneaux ont besoin de douze à quinze heures de repos. Leur corps se *ressuie* sous le ventre de la couveuse. La chaleur est leur première nourriture. On perd tous ceux qu'on veut faire manger trop tôt et ceux surtout qui, en sortant de l'œuf, sont de suite jetés au sein d'une température beaucoup moins élevée que celle de l'œuf couvé.

C'est pour ses premiers repas que le dindonneau fait acte pour la première fois de la stupidité de sa race. Il n'est pas rare qu'il faille lui donner la becquée, lui ouvrir le bec, lui apprendre ce que la nature semble ne pas lui indiquer, et le faire les deux ou trois premiers jours.

Le dindonneau craint le froid et surtout le froid humide ; autant il s'en mouille avant la mue, autant il en périt. On doit même ne point laisser à terre, près d'eux, les plats où est l'eau pour les abreuver, de crainte qu'ils ne se mouillent.

Dès qu'ils ont reçu leur premier repas, on les laisse sous la couveuse et dans un appartement clos, dont on puisse facilement renouveler l'air et où il y ait toujours environ 10 degrés de chaleur. Le plus sûr est d'y entretenir du feu ou de le faire traverser par un calorifère quelconque. A défaut de mieux, on peut couvrir le sol de 50 à 60 centimètres de bon fumier de cheval, et les en faire un plancher toujours chaud. On le tient convenable en égalisant bien la couche de fumier et en répandant par-dessus de 3 à 5 cent. de sable. On doit les tenir renfermés dans ce lieu jusqu'après la mue, c'est-à-dire au moins deux mois. Il faut que le temps soit sec et qu'il fasse soleil pour les laisser sortir quelques heures.

En général, l'inquiétude, le piaulement, sont les signes auxquels on reconnaît que les dindonneaux ont besoin de manger. On leur donne à manger à des heures parfaitement réglées, et environ six fois par jour.

Leur nourriture est très-particulière ; on en perdrait beaucoup moins si elle était choisie conformément à leurs besoins, aux besoins de leur organisation. Il ne serait pas nécessaire de leur faire avaler le fameux grain de poivre, de leur faire ces bouillies d'orties composées, et ces boulettes de toutes sortes; si on leur donnait des vers et des insectes autant que d'herbe et de farine ou de grain. Le dindonneau est essentiellement insectivore : œufs de fourmis, asticots, vers de terre, hannetons, araignées, scorpions, limaçons, mouches, toute espèce d'insectes lui est bonne. Nous nous souviendrons toujours que sur une couvée de quatorze dindonneaux, en Afrique, nous n'en sauvâmes que quatre, auxquels nous n'avions fait donner que des insectes réputés venimeux, en y mêlant toutefois quelques débris de grenouilles, quelques grains et de l'herbe. A cette époque, les travaux de défrichement faisaient trouver beaucoup d'insectes, entre autres des scorpions fort gros, qui ont leur repaire dans les tiges de palmier nain; ces scorpions étaient coupés en deux ou trois morceaux, et faisaient les délices des dindons.

L'homme, dans ses rapports avec les animaux qu'il élève, oublie trop que chaque espèce a sa destination et les moyens de la remplir; que parmi eux il en est qui sont destinés à nettoyer et à purifier la terre, comme dit Buffon.

Les lapins de nos garennes sont [...] traités avec les reliquats de jardins, de gren[...] à foin, avec les ronces des champs. [...]

Les poules se contentent des débris et d[...] résidus de grains, de cuisine, etc. Les poul[...] les dindes purgent les champs des insect[...] comme l'hirondelle en purge les airs.

Divers animaux aquatiques purifient les ea[...] de mille vers qui les corrompraient.

Nous ne citons ces exemples que pour fai[...] voir que c'est nous tromper que de juger de[...] goûts et des besoins des animaux qui nous son[...] soumis, par les nôtres.

Un chien préférera toujours un os gras, cor[...] rompu, à un morceau de sucre ;

Un corbeau choisira un corps mort et en pu[...] tréfaction, et laissera de la viande fraîche;

Une poule se trouvera mieux d'un ver de[...] fumier que d'une dragée.

Tout est relatif. Il ne faut donc pas s'étonner que le dindonneau aime les insectes, les chrysa- lides des vers à soie après que les cocons ont été filés, les œufs de fourmis, les lézards, les ser- pents, les scorpions. Non-seulement il les aime, mais cet aliment est plus apte à lui donner la force et le stimulant qui lui est nécessaire, et le poivre, l'oignon, le café, le vin, ne peuvent entièrement le remplacer.

Jeunes encore, les dindes aiment à se vautrer dans la poussière : on ne doit pas oublier d'en mettre quelques tas dans le lieu où on les tient.

Le dindonneau pousse le rouge à deux mois ou peu avant, s'il a été bien mené. Cette crise est retardée, même d'un mois, dans le cas contraire, et c'est au détriment de l'éleveur ; d'abord, parce qu'il perd plusieurs semaines de soins et de nourriture ; ensuite, parce que ses élèves sont plus faibles et qu'il en meurt davantage. Cette époque est très-critique ; c'est la mue, c'est le moment où les caroncules rouges se développent au cou et à la tête. Les dindonneaux perdent l'appétit et demeurent plusieurs jours languissants ; il faut en cette occasion les tenir plus chaudement, c'est la meilleure précaution qu'on puisse prendre ; et les œufs de fourmis sont alors leur meilleur remède, leur meilleur stimulant, leur meilleure nourriture.

A dater de cette époque, on commence à distinguer les mâles des femelles. Comme chez tous les autres oiseaux, la femelle est dépourvue de la plupart des couleurs et des agréments du mâle ; elle est aussi un peu plus petite que lui.

7

NOURRITURE ET SOINS DIVERS.

La grande crise est passée ; les dindonneaux sont désormais robustes et leur vie est à peu près assurée, moyennant les soins ordinaires à toute volaille. On commence à les mener aux champs, régulièrement deux fois par jour, à peu près aux mêmes heures que les moutons, car il convient d'éviter la rosée et l'humidité. On ne les fait sortir qu'après le lever du soleil, pour les faire rentrer avant midi et les ramener aux champs bientôt après, jusqu'avant le coucher du soleil. Si ces animaux craignent le froid, l'humidité et l'eau, ils craignent aussi les ardeurs du soleil d'été, et c'est ce dont il faut les préserver avec soin.

Les dindons préfèrent les terres à arbustes et tous les lieux où ils trouvent des insectes ; tout ce qui vit dans les champs leur est excellent : lézards, grenouilles, limaçons, scarabées, vers, sauterelles, etc. On les mène utilement sur les terres fraîchement labourées, à la suite de la charrue, où ils trouvent souvent beaucoup de vers. Ils se nourrissent assez volontiers de mûres, de glands, de faînes, etc., de baies de sureau, de troëne et autres arbrisseaux; on en abat les fruits en battant ces arbres et arbustes avec une perche, une baguette. Ils vivent aussi d'herbes, à peu près comme les oies, dans les prairies, sur les bords des chemins, etc. Celui ou celle qui les garde, le dindonnier, doit être jeune, alerte et avoir de bonnes jambes ; il lui faut aussi beaucoup de vigilance, tant pour la sécurité de son troupeau que pour choisir les meilleurs endroits suivant les occasions ; par exemple, une vigne vendangée, pour profiter des grappes de raisin délaissées.

La plupart des plantes et graines des légumineuses ne leur sont pas agréables. Ils mangent les racines et les fruits, les salades, les choux, les betteraves, etc. On n'a qu'à les leur couper ou à les réduire en bouillie après les avoir fait cuire, s'ils sont durs. Il est utile de les éloigner des lieux où croissent des herbes nuisibles : jusquiame, belladone, digitale, ciguë, aconit, etc.

Le dindon n'occasionne aucun dommage dans les prairies où on le mène paître : car son bec, plus pointu que celui de l'oie, n'arrache pas le cœur des plantes, et il ne fait que pincer des feuilles çà et là. Aussi, le mène-t-on paître dans les trèfles, les sainfoins, les luzernes. D'ailleurs, ses fientes, plus sèches que celles de l'oie, ne font aucun mal aux herbes.

Telle est la voracité du dindon, unie à sa sobriété, que les plus pauvres gens en peuvent élever un certain nombre, sans qu'ils leur coûtent à nourrir, dans des biens communaux et le long des chemins.

Cette voracité du dindon facilite aussi son engraissement : châtaignes, pommes de terre, topinambours, glands, farines, noix, betteraves, on le gorge avec tout ce qu'on peut avoir de plus féculent, de sucré et en même temps de meilleur marché. Vingt jours suffisent quelquefois pour l'engrais des femelles ; il en faut davantage pour les mâles. En Dauphiné on les engraisse avec des noix qu'on leur donne entières. Un dindon, mis à l'abri du froid et de la lumière, dans un recoin où il ne puisse courir, peut en 20 ou 30 jours acquérir le double de son poids.

Ordinairement, après quinze jours d'engrais, on prend les dindons après leur repas et on leur pousse dans la gorge des boulettes de pâtée, dont on augmente peu à peu le nombre. Huit à quinze jours de ce régime suffisent. L'on peut, du reste, consulter sur ce sujet ce que nous avons dit des poules.

DINDONNERIE. — MALADIES.

Quel que soit le nombre de dindes que l'on élève ou que l'on nourrit, il est toujours nécessaire de les tenir en un lieu séparé, et ce lieu doit pouvoir les contenir sans embarras, les mettre à l'abri du froid et du soleil, leur permettre de se jucher la nuit.

Lorsqu'on en a peu, il est facile de leur trouver un juchoir sur un arbre mort, sur une vieille roue posée horizontalement ; mais lorsqu'il y en a beaucoup, il vaut mieux placer sur la même ligne des barres assez fortes, espacées d'un demi-mètre. De cette manière, les dindes ne se saliront pas, et, étant sur un même plan, il n'y aura ni guerre, ni querelles pour occuper la place la plus élevée d'un juchoir. C'est, du reste, le faible de toutes les volailles et des oiseaux de volière : c'est à qui se juchera le plus haut en délogeant son semblable, au risque de provoquer des luttes incessantes.

Tout doit être disposé dans la dindonnerie pour l'enlèvement du fumier ; on doit y trouver la facilité d'y nourrir et abreuver les dindons aux jours de pluie et de mauvais temps, lorsqu'ils sont retenus forcément chez eux.

Une séparation, formant un recoin bien posé, sera réservée aux malades ; cependant en soignant les dindons de la manière que nous avons indiquée, on constatera peu de maladies. Notre expérience ne nous permet pas de dire si les substances que nous avons conseillées pour les poules, comme devant les fortifier et les préserver des maladies, seraient aptes à donner les mêmes résultats à l'égard des dindons. Quoi qu'il en soit, les dindonneaux sont-ils languissants, faibles, sans appétit, avec des plumes hérissées, donnez-leur des insectes, des œufs de fourmis, changez leur régime, et mettez-les en lieu sec et chaud. Quand des pustules surgissent sur leur peau, que le canon des grosses plumes s'emplit de sang, que les pattes s'enflent, que des vésicules naissent sous la langue, sur le croupion, il faut en outre donner de l'eau soufrée comme pour les poules.

Notre intention en traitant de la *dinde* après la *poule* a été d'abréger en renvoyant le lecteur à ce que nous disons de l'élève des poules pour tout ce qui peut se rapporter aux dindonneaux, à l'engraissement, aux lieux de refuge et de pacage, aux soins de propreté....

DE L'OIE

GÉNÉRALITÉS.

Nous regrettons que le baron Peers ait dit dans son livre (*la Basse-Cour*, p. 156) : « Nous considérons avant tout l'entretien de la basse-cour comme un agrément, comme une chose nécessaire, indispensable même, mais non comme un objet de spéculation profitable. » Nous le regrettons, parce que nulle époque ne ressent plus vivement le besoin de voir un grand nombre d'éleveurs se livrer à cette spéculation, et que jamais les profits n'en ont été plus certains et plus universellement répandus.

C'est surtout en face des efforts des riches propriétaires de France et d'Angleterre, pour l'amélioration des basses-cours, que la parole du baron Peers nous paraît légère et peu fondée ; c'est aussi en face des produits que retirent de l'oie les habitants du Languedoc et de l'Alsace.

Le dindon, plus délicat que l'oie, exigeant un

climat plus tempéré, ne peut pas s'élever [...]
et ne s'engraisse pas autant ; et cependan[t] [...]
éducation donne des profits réels. Mais l'oie [...]
craint ni le chaud ni le froid et s'engrai[sse]
aussi bien à Strasbourg qu'à Toulouse ; on l'é-
lève avec le même succès dans le Nord et dan[s]
le Midi ; on ne lui connaît pas cette délicate[sse]
de tempérament qui décime d'autres volailles[.]

Le Languedoc et l'Alsace sont en possession
de fournir les pâtés de foies d'oie, si renomm[és.]
Pourquoi d'autres provinces ne se livreraien[t]
elles pas à cette industrie ? On ne saurait nous
objecter le défaut des débouchés, puisque les
pâtés de foies d'oie sont demandés à nos provinces, de toute l'Europe et même des Etats-Unis.

Le foie gras n'est pas le seul produit qu'on
retire de l'oie. Indépendamment de sa chair, qui
peut être salée ou conservée dans sa propre
graisse, on en tire encore le duvet, les plumes,
la peau garnie de son duvet.

Le duvet de l'oie, se tire de dessous les ailes,
le cou et le ventre ; on arrache d'abord les plumes, que l'on met à part, puis le duvet. Cette
opération peut se faire trois fois l'an : d'abord
en mars, la deuxième fois à la fin de juin, et la
dernière dans le mois d'août. Les oisons, ou, si

l'on veut, les oies de l'année, peuvent subir cette opération une fois en juillet. On doit veiller en ce cas plus que jamais, à la propreté de l'oiseau, lui donner des eaux courantes ou des bassins propres pour s'y nettoyer, ce que l'oie fait volontiers et souvent. Quand l'oie ne mange ni ne dort, elle fait sa toilette, se nettoie et ne semble penser qu'à cela.

Les plumes ont une autre destination que le duvet ; elles se vendent moins cher, mais sont plus abondantes. Ces deux substances, recueillies dans un état de propreté convenable, sont exposées à la chaleur d'un four d'où on a extrait le pain. Cette opération dessèche et brûle les animalcules et les germes qui s'y attachent. Quand on plume une oie morte, il est important de ne pas attendre qu'elle soit refroidie.

Les plumes des ailes et de la queue servent à écrire ; elles sont beaucoup moins usitées aujourd'hui. On les expose à la vapeur de l'eau bouillante, et on les passe dans la cendre chaude pour les nettoyer et les éclaicir. Le fouet de l'aile, composé de trois plumes fortes, constitue un petit balai fort en usage dans certaines localités.

La peau recouverte de son duvet et enlevée

en commençant par une incision sur la [illegible] donne la belle fourrure connue sous le nom de peau de cygne.

EMPLACEMENT. — CHOIX DES SUJETS.

L'oie n'est pas essentiellement un oiseau nageur ; et va moins bien à l'eau que le canard, sa conformation lui donne plus d'aptitude pour vivre sur les bords sablonneux des fleuves et dans les prairies. Il n'est donc pas nécessaire, et l'expérience le démontre, d'avoir des ruisseaux et des étangs pour élever des oies. Cependant, il importe d'avoir à leur portée un cours d'eau suffisant, ou bien, dans leur basse-cour, un bassin fort propre.

Les oies vont bien en basse-cour et vivent en bonne intelligence avec les autres volailles ; les jars se montrent quelquefois féroces dans le temps de la ponte et quand la femelle couve ses petits ; alors il sévit contre ceux qu'il peut regarder comme des ennemis, à ce point que l'on doit éloigner de lui les petits enfants, qu'il serait capable de maltraiter.

Il faut aux oies un compartiment très-propre

et sombre quoique bien aéré, car leur fiente exhale une odeur nuisible à leur santé. On obvie à cet inconvénient, en perçant des petites ouvertures au niveau de terre sur toutes les façades. On les grille afin de pouvoir les boucher facilement durant l'hiver,

Le sol doit offrir le long des murs et dans les recoins, des touffes de jonc et de hautes herbes apportées là avec la motte. Les oies viennent volontiers s'y cacher et pondre ; sans cela elles vont trop souvent ailleurs égarer leurs œufs.

Un de leurs grands défauts, c'est d'être criardes. Le moindre bruit les éveille et leur fait pousser des cris. Il est impossible de parler un peu haut devant elles sans exciter le vacarme. Elles ont cela de particulier, et qui contraste avec les habitudes des chiens, qu'elles crient chaque fois qu'on leur présente de la nourriture ou qu'elles la prennent.

Tous ces motifs nous recommandent l'oie comme une gardienne incorruptible et vigilante de la métairie, du jardin, de la maison. Columelle la regardait comme telle ; du reste, il était Romain, et les oies avaient sauvé Rome par leurs cris, alors que des chiens étaient restés muets. Depuis que ceux-ci ont reçu chez nous

les honneurs d'un article dans le budget nu...
nous prédisons à l'oie un bel avenir. C'est...
animal de confiance et un gardien précieu...
est vrai que la petite espèce est peu attachée a...
toit hospitalier et qu'elle s'envole quelquefois...
la suite des oies sauvages qui passent dans so...
horizon.

Cette désertion n'est point à craindre de l...

Fig. 21. Oie de Toulouse.

part de la grosse espèce, appelée oie de Toulouse, la seule dont nous conseillons l'éducation.

Elle a pris toutes les mœurs d'un oiseau domestique, et s'engraisse vite et parfaitement.
Par sa grosseur, elle donne des produits plus
abondants, plus beaux, et partant plus de bénéfices. Après huit mois d'âge, il lui vient sous le
ventre une pelote de graisse assez grosse pour
la gêner dans sa marche. La femelle est blanche
ou cendrée et tachetée de brun ; le mâle est
plus ordinairement blanc. L'un et l'autre sont
également gros et peu inférieurs au cygne. Le
bec en est rouge et les pattes couleur de chair.
Le mâle ou *jars* est quelquefois panaché ; on le
choisit vif, alerte et batailleur.

Un mâle ne peut servir que quatre femelles,
quoiqu'on ait prétendu qu'il peut suffire pour un
plus grand nombre. C'est ici une erreur dans
laquelle ne tombent pas les éleveurs expéri-
mentés. Il y a plus, c'est qu'un mâle ne suffirait
même pas pour quatre femelles, si l'accouplement ne pouvait se faire dans l'eau, chose qu'ils
aiment beaucoup. L'eau les soutient, l'accouplement y est toujours bon ; il l'est moins souvent
sur terre.

Le mâle soigne la couveuse, protége les petits,
se montre d'une extrême sollicitude, sans néanmoins porter la nourriture à la couveuse. Il garde

et surveille le lieu que la femelle a choisi pour
la ponte. Nous avions perdu une oie qui pondait dans un ravin près de la basse-cour, dans
une touffe de ronces; le mâle se tenait près
d'elle durant le jour, il faisait sentinelle ; cette
assiduité nous fit découvrir le nid de l'oie.

PONTE. — INCUBATION.

Les oies pondent après les grands froids
et même dès la fin de janvier ; elles préludent à
cette fonction en ramassant de la paille et en la
portant avec le bec dans les recoins choisis par
elle pour l'emplacement du nid. Cette ponte
est unique et se compose de quinze à vingt
œufs si on les laisse dans le nid ; mais si on a
le soin de n'y laisser que le dernier œuf
pondu, marqué et daté, l'on verra souvent une
seule oie pondre pendant six semaines ou deux
mois environ un œuf tous les deux jours.

Tandis que la dinde peut couver plusieurs
fois, l'oie ne couve qu'une fois. Nous n'avons
jamais pu en obtenir une seconde incubation.
Comme on ne peut guère leur confier plus de
quinze œufs, les autres sont mis sous les dindes.

des poules couvent moins bien des œufs aussi
gros.

Pendant que l'oie couve, on lui doit les mêmes
soins qu'aux autres volailles, et, comme la dinde,
il faut l'ôter une fois le jour de dessus ses œufs
pour la faire manger, à moins qu'elle ne s'y
porte d'elle-même, ce qu'il convient de surveiller.

Huit ou dix jours après la mise en couvée, les
œufs doivent être examinés. On enlève ceux qui
sont *clairs*. On peut encore les manger, mais ils
sont moins bons.

L'incubation dure de vingt-neuf à trente et
un jours, suivant la chaleur de la couveuse, la
confection du panier, l'humidité ou la sécheresse du lieu, et suivant la température. L'éclosion des œufs d'oie dure souvent deux jours. Les
oisons sortent les uns après les autres fort iné-
galement, d'où il résulte que si l'on ne retirait
pas du nid chaque œuf à mesure que le poussin
le casse et crie, la couveuse s'attacherait aux
premiers oisons éclos et abandonnerait les
autres. C'est ce qu'on évite en les lui enlevant
ainsi les uns après les autres pour les mettre
sous la couveuse la plus avancée. En ce cas, on
retire à cette couveuse les œufs les plus tardifs,
que l'on donne aux autres.

Les oisons sortis de l'œuf doivent être
comme les dindonneaux. On ne leur donne
pendant pas d'orties ; cette herbe ne leur convient qu'à l'âge adulte ; la laitue hachée vaut
mieux dans le commencement, indépendamment de l'œuf dur, de la mie de pain, des
pommes de terre, des grains. On leur donne
à manger toutes les deux heures. L'oie dévore
les insectes, toute espèce de vers, les mous-
ques, les petits animaux aquatiques. Elle diffère
des autres volailles et du canard par sa faculté
à paître en petits troupeaux, dans les gazons,
vaguer loin des fermes et des basses-cours, le
long des berges, dans les mares et les étangs.

On retient les oisons au dedans et à une
chaleur peu inférieure à celle de l'œuf pendant
cinq à six jours. Ce n'est que peu à peu, à l'aide
du soleil, du beau temps et des abris, qu'on ha-
bitue l'oison à l'air libre. A quinze jours d'âge il
peut aller partout. Il est important toutefois qu'il
ne se mouille pas ; car, bien qu'il aille à l'eau et
qu'il nage, sa santé s'altère quand il est pénétré
d'eau et de pluie. On doit le soigner sous ce rapport jusqu'à ce qu'il ait mué, c'est-à-dire jusqu'à
l'âge d'environ deux mois, époque où lui viennent les bonnes plumes. Jusque-là aussi la rosée

et les brouillards lui donnent la diarrhée. Le soleil ardent peut le tuer en peu d'instants. Ces inconvénients sont faciles à éviter.

NOURRITURE. — MALADIES.

Une fois sortis de la mue, époque toujours critique, mais peu dangereuse pour eux, les oisons doivent être nourris de telle manière qu'on ne fasse plus de dépense qu'au moment de l'engrais. On les mène aux champs, dans les terrains vagues, sur les bords des chemins, le long des ruisseaux et des talus sans culture; et quand on n'a pas assez d'oies pour faire les frais d'un gardien, on réunit celles de plusieurs propriétaires, et on leur donne un seul conducteur. Après tout, un enfant, une petite fille, peuvent très-bien les garder et à bon compte.

On évitera de les faire manger dans des jardins qu'elles endommageraient, soit par leurs fientes, soit en arrachant les herbes ou en les coupant trop près de la racine. Après les oies, nul animal ne peut paître dans une prairie; elle est infectée. On les mène donc de préfé-

rence dans les terrains que nous avons dé[...]
et dans les prairies fauchées. Un terrain [...]
exprès d'herbes utiles à ces oiseaux, pou[...]
dans quelques circonstances, offrir des avanta[ges]
réels à l'éleveur. Ces herbes sont les salad[es]
de toute espèce, le mélilot, la persica[ire]
la julienne et toutes les crucifères, les chicoré[es]
la nielle, le coquelicot. On sait que le navet, la
betterave et autres racines leur convienne[nt]
on les hache avant de les leur donner. C'e[st]
surtout après la mue que les oies mangent [les]
limaçons, les vers, les insectes aquatiques.

Il convient, avant de les faire rentrer da[ns]
leur basse-cour, de les présenter à une eau
courante, à un bassin d'eau propre, où elles
font leur toilette. L'oie use de l'eau, mais y prend
moins ses ébats que le canard; elle semble
mieux à sa place sur l'herbe tendre. Qui n'a vu
un troupeau d'oisons repus, nonchalamment
couchés dans une prairie et allongeant le cou
tout autour d'eux pour pincer les brins d'herbe
qui tentent encore leur gourmandise ?

C'est de cette manière que l'on gouverne les
oisons, jusqu'à ce qu'on les juge parvenus au
point convenable à l'engraissement. Mais tous
ceux qui en élèvent ne les poussent pas à ce degré.

On est qui font couver les œufs et vendent les
oisons dans le premier âge; d'autres s'en défont
après leur croissance. Il en est qui les achètent
à l'âge où on les nourrit dans les champs, et ils
les revendent au moment de l'engrais; plusieurs
ne les achètent que pour les engraisser; quelques-uns les gardent tout le temps de leur éducation; tous gagnent à ce commerce.

Des oisons assez jeunes pour être vendus
2 francs ont coûté 1 franc pour être poussés jusque-là, et peuvent, après leur croissance, être
vendus 4 francs, sans avoir occasionné un déboursé de plus de 1 franc à l'éleveur. Ceux que
l'on achète 4 ou 5 francs pour les engraisser par-
viennent au prix de 10 à 12 francs une fois engraissés, et on ne dépense pas pour cela plus de
3 francs.

Le commerce des oies occupe plusieurs provinces de France et, nous le répétons, il serait utile que d'autres encore s'en occupassent.
Pline rapporte que les Gaulois, de son temps,
conduisaient des troupeaux d'oies à Rome, où
on les engraissait. De nos jours, les oies élevées
dans la Loire sont conduites dans l'Eure-et-Loir
à l'époque de la coupe des blés, et de là jetées
dans Paris. Les départements du Gers, de

l'Ariége, de l'Aude, du Lot, du Tarn, de la
Garonne, de la Haute-Garonne; ceux du
et du Bas-Rhin, de la Moselle, s'adonnent à
graissement de l'oie, et en retirent de grands
profits. Il est temps que les autres départements,
tout aussi convenables pour cette industrie,
trouvent également leur bénéfice.

Les maladies des oies doivent former un
bien petit paragraphe pour les éleveurs intel-
ligents. En deux mots, la diarrhée cède à
des grains de poivre et à du pain trempé dans
du vin; le tournis ou vertige disparaît sous
l'influence du repos à l'ombre, d'une nourriture
plus herbacée et moins abondante pendant un ou
deux jours. La propreté et l'eau s'opposent à la vermine; la laitue et les herbes communes les guérissent de la constipation. Enfin, les soins ordinaires apportés à leur demeure, à leur nourriture et à tout ce qui les concerne, les préser-
vent mieux que les remèdes ne les guérissent.

ENGRAISSEMENT.

On commence à engraisser les oies et les
autres volailles quand leur accroissement est

parfait. Dès le mois de septembre on peut y procéder pour plusieurs, et cette opération ne se
poursuit pas au-delà du mois de janvier.

On met d'abord ces oiseaux en chair par
l'augmentation de leur nourriture, et l'on y fait
entrer le blé noir, l'avoine et diverses espèces
de pois qui poussent à la formation des chairs,
de la fibre. C'est la base de l'engraissement. On
exclut les éléments qui concourent à la formation
des os, tels que les cosses des graines, les siliques
fraîches, les graviers, les matières crayeuses.

Une fois l'oiseau bien en chair, plus pesant et
plus fort, quoique encore privé de graisse, il est
temps de le séquestrer. Dindons, oies, canards,
poulardes, la méthode est au fond la même pour
tous. Voyez dans la partie consacrée aux *poules*, le
chapitre *Engraissement*. On place les oies dans
des recoins, dans des caisses étroites, dont
le fond laisse facilement échapper les ordures, et
on les gorge de substances les plus propres à
développer la graisse : le repos, l'obscurité et la
propreté qui les exempte des inquiétudes de la
vermine, sont de grands auxiliaires. L'engraissement se fait en quatre ou cinq semaines ; en six
semaines, l'oie peut acquérir un embonpoint dif-
forme. La graisse enveloppe tous les tissus ;

elle se dépose sur divers organes, et c'est cette abondance, et lorsqu'on retire l'oiseau pour l'engraisser,
il ne peut plus se tenir sur ses pattes. Chez l'oie et
le canard, la diathèse graisseuse affecte le foie,
qui grossit outre mesure. Les pâtés et les terrines
de foies d'oie et de canard sont un grand objet
de commerce.

Les aliments les plus propres à remplir ce
but sont, comme pour les poules, les farineux :
pommes de terre, farines, eau blanchie pour
boisson, mais principalement les graines olé-
gineuses : faînes, noix, lin et maïs. La graine de
lin était employée par les Romains. Ses usages
en médecine et dans les arts en font aujourd'hui
un article trop coûteux pour en engraisser les
oies. On y supplée généralement par le maïs, et
beaucoup d'éleveurs y ajoutent une cuillerée
d'huile d'œillette à chaque repas ; d'abord on en
donne six cuillerées par jour, puis quatre, et
vers la fin deux seulement, une le matin et une
le soir, et après la pâtée.

On laisse d'abord l'oiseau manger tant qu'il
peut ; et on le fait boire ; puis on le gorge, ou
l'emboque en enfonçant dans son gosier une certaine quantité de ces graines ; et enfin on lui
fait avaler l'huile, que l'on peut remplacer par

des boulettes de graisse. Plus les aliments sont
féculents, purs et huileux, plus tôt l'engraissement est achevé ; de sorte que si l'on emploie des
substances un peu plus coûteuses, on économise
d'autre part sur leur quantité et sur la durée de
leur emploi. On emboque les oies deux fois par
jour, et les unes après les autres, par ordre, afin
que toutes prennent leur repas ou le reçoivent
toujours à la même heure.

La nourrisseuse les prend l'une après l'autre
sur ses genoux, les enveloppe d'un linge pour
annuler leurs mouvements et ne laisse de libre
que la tête qui ressort entre les genoux. Dans
cette situation elle les emboque. Les boulettes
ou pâtons de farine crue et de lait, composées
comme pour les poules, mais un peu plus
grosses, sont ingurgitées l'une après l'autre et
forcées de descendre dans le jabot par la pression que les doigts exercent sur l'œsophage en
les poussant. Pour cela, l'on comprend qu'elles
doivent avoir une certaine consistance. Nous
avons vu réussir des éleveurs qui leur ingurgi-
taient la pâtée assez claire et coulante, au moyen
d'un petit entonnoir. Ils la faisaient descendre
en pressant légèrement avec les doigts sur
l'œsophage, du haut en bas. Quelques-uns

donnent l'huile ou la graisse le soir, sans
Cette méthode est meilleure.

L'habitude des nourrisseuses leur fait
sûrement le point où il faut s'arrêter. Elles co
sultent pour cela le jabot de l'animal, son deg
de plénitude et de tension, comme pour les po
lets. Elles savent prévoir aussi quel degré d
grais chaque pièce peut acquérir, et le mom
où il est utile d'y mettre fin.

L'oie grasse pèse en moyenne 11 kilogram
dont un demi-kilogramme ou 1 kilogram
pour le foie, qui se vend jusqu'à 7 francs, et 2
3 kilogrammes de graisse d'un prix supérieur à
la graisse de porc. Le reste de la viande se vend
au-dessus du cours de la viande de boucherie.
Strasbourg seul fait un commerce de 2 million
de francs de pâtés de foies d'oie. Une pareille in
dustrie créerait pour les éleveurs, dans d'autres
localités, une branche de commerce non moins
profitable ; le luxe toujours croissant de la table
et les besoins des contrées voisines en garan-
tissent le succès.

DU CANARD.

GÉNÉRALITÉS.

Tout le monde connaît le canard avec son plumage blanc et brun, les barrettes bleues en tra-
vers des ailes du mâle et ses deux plumes frisées
à la queue. Le canard ordinaire a peu de va-

Fig. 22. Canard de Rouen.

riétés ; la commune est la moins utile. Le canard de Normandie et celui de Toulouse sont les
plus gros et les plus productifs. Le canard blanc

est le plus petit et avec raison le moins c... Celui de Rouen est le plus fin et le plus cherché.

Le canard a la chair délicate, et il figure pl... souvent que l'oie sur la table du riche. O... en améliore cependant encore la chair en l... croisant avec le canard musqué ou de Barbar... Ce croisement ne réussit qu'entre le mâle de Barbarie et la femelle du canard ordinaire. Mai... on ne doit pas compter, en pareils cas, sur d... bénéfices. Nous regardons ce croisement com... une pure fantaisie de gastronome ; les m... qui en résultent n'ont pas la faculté de se repro- duire. Dans un de nos essais, sur 190 œufs d... cane ainsi fécondés, 88 seulement ont été fé- conds. C'est une opération que nous avons répé... tée deux fois en deux années, et chaque fois ave... un résultat à peu près semblable. —

Il y avait là une perte d'œufs et de temps que nous nous efforçons en vain d'amoindrir en surveillant l'accouplement dans un bassin où le couple nageait à l'aise, et nous ne trouvions pas de compensation dans la fécondité des élèves, puisque ce sont des mulets stériles.

Le canard exige l'eau pour prospérer ; c'est, du reste, un oiseau vorace qui mange de tout et sans relâche. Il n'est point délicat, et, dès qu'il a franchi le premier âge, sa vie est à peu près assurée. L'éleveur qui veut en tirer tout le parti possible doit disposer, pour les canards, un local séparé. Ce local peut être le sous-sol ou le rez-de-chaussée du poulailler. Des soupiraux percés à fleur de terre en renouvelleront l'air, et de très-petites fenêtres y laisseront pénétrer un faible demi-jour favorable à la ponte. Le sol, dépourvu de litière, qu'ils saliraient et mouilleraient trop vite, consistera en de la terre sèche et légère, marne, sable fin, qui absorbent mieux leurs fientes. On les renouvellera de temps en temps. Dans le fond de l'appartement et dans le milieu, ou sur les bords, on fixera plusieurs lignes irré-gulières d'arbustes conservant les feuilles, des touffes de jonc et de hautes herbes. C'est parmi ces touffes, où l'on ménage un grand nombre de petits espaces propres à des nids, que les canes aiment à venir pondre en ca-chette, au lieu d'aller égarer leurs œufs dans les mares et parmi les broussailles. Il faut, en outre, avoir soin de n'ouvrir leur appartement que vers dix heures du matin, et sans bruit. A cette heure elles ont toutes pondu, et sont sorties par l'une des petites ouvertures à fleur de terre

fermées par une trappe qu'on a soin de
tous les matins. Lorsqu'on trouve quelque œuf
dans la canardière, c'est une couveuse, ou une
pondeuse en retard. Elles sont d'une grande
timidité et se cachent avec mille ruses et par
toute sorte de détours pour choisir leur nid, y
pondre et y couver. Une fois le lieu choisi, ordinairement entre les touffes d'herbes qu'on en-
tretient dans le local, une cane appuie son ventre contre le sol dont elle écarte le sable en
tournant sur elle-même et en écartant les pattes.
Elle va quérir de la paille qu'elle y dépose, et se
met à tourner encore pour creuser son nid de
cette façon. Et ainsi jusqu'à ce qu'elle soit sa-
tisfaite de son œuvre.

PONTE ET INCUBATION.

La cane commence sa ponte en mars; elle
pond, pendant trois ou quatre mois, un œuf tous
les jours; elle se ralentit par moments et n'en
donne qu'un tous les deux jours. Après cette
ponte assez longue, la cane demande à couver.
Lorsqu'on l'en empêche, elle reprend sa ponte
quatre ou six semaines après, pendant quinze
jours ou un mois. Cependant, pour en obtenir

cette fécondité, qui va jusqu'à 90 et même 100 œufs par an, il est nécessaire que l'on visite chaque fois, avant la rentrée des canards et des canes, tous les recoins où sont les œufs, pour les enlever au fur et à mesure qu'ils sont pondus. On ne laisse jamais que le dernier, en ayant soin de le marquer. Cette marque permet de le reconnaître et de le prendre le lendemain, pour marquer le plus récent, et ainsi de suite.

Les œufs de cane se vendent fort bien; les pâtissiers les préfèrent à ceux de poule. Le spéculateur qui en fait couver un grand nombre peut les confier à des dindes et à des poules couveuses, toujours plus paisibles que les canes. Celles-ci y mettent une sollicitude exagérée, une ardeur sauvage et par trop inquiète. Les œufs peuvent en souffrir beaucoup. Cependant, on doit toujours en faire couver une ou plusieurs, suivant le nombre d'œufs mis sous d'autres couveuses, parce qu'il est plus avantageux de faire conduire les canetons par une cane. Nous étions dans l'usage d'en confier cinquante à chacune.

L'incubation des œufs de cane dure trente jours, à peu de chose près. Une fois éclos, et traités avec les précautions ordinaires, on peut, à défaut de cane, les faire conduire par une

poule, jamais cependant par une dinde
trop lourde et trop gauche, trop inattentive po
des petits si délicats ; elle ne poserait jamais
patte à terre sans en écraser quelques-unes.

ÉLEVAGE.

Les canetons sont parvenus en cinq mois
leur grosseur naturelle, pourvu qu'ils aient
abondamment de quoi manger : bouillies, farine,
son, herbes hachées, grains, betteraves, racines,
vers de toute espèce, sang, entrailles, chrysa-
lides de vers à soie ; la plupart de ces substances
ont quelquefois encore trop de valeur pour qu'on
en nourrisse le canard jusqu'à cinq ou six mois,
et qu'on le pousse en chair au point où il doit
être engraissé. Il est donc souvent très-utile
d'avoir recours à un système d'alimentation
encore moins dispendieux.

Nous avons déjà dit qu'il faut de l'eau pour
élever des canards : il en faut surtout pour les
élever à bon marché. On choisira un petit cours
d'eau, un filet de source que l'on détournera en
plusieurs endroits, pour remplir de distance en
distance des mares, des flaques d'eau échelon-
nées suivant la disposition du terrain. Dans
cette eau croupissante, la chaleur et les végé-

leux parasites donnent naissance et retraite à une multitude d'insectes, de vers, de têtards, de grenouilles, et chaque jour, on livrera une de ses mares au troupeau de canetons et de canards. Celle-là épuisée, on leur en livrera une autre pour restaurer la première, et ainsi de suite.

C'est de cette manière que nous avions pu, dans une grande ferme, élever jusqu'à cinq cents canards dans l'année. Indépendamment de divers fossés qui fourmillaient d'insectes aquatiques, nous avions établi, dans un mauvais terrain en pente, sur une longueur d'un kilomètre, une vingtaine de mares, où ce troupeau nombreux vivait largement. Nous les retenions tout le jour dans le point abandonné à leur voracité, à l'aide de plusieurs claies portatives, que nous disposions tout autour, comme lorsqu'on parque des moutons. On les y conduisait le matin et on les ramenait le soir, sans autre difficulté que la lenteur de leur marche. En allant et venant, on les faisait butiner dans les chaumes et les prés fauchés.

ENGRAISSEMENT.

L'engraissement du canard se fait comme

celui des oies. On y procède de la même manière et d'après les mêmes principes. C'est à
six mois, et quand ils ont pris chair, qu'on
soumet au régime de l'engrais. Il n'est pas nécessaire de les séquestrer tout d'abord, car leur
inquiétude nuirait au succès. On les retire
dedans peu à peu, et enfin on les isole dans
lieu étroit et obscur. Là, on ne se contente
de leur donner abondamment des pommes
terre, des betteraves, des grains; on les go
encore, après chaque repas, avec des boulettes
farine de maïs, jusqu'à ce que leur jabot soit bien
plein et nuise, par sa plénitude, à la circulation
du sang dans le foie. C'est par ce moyen que
organe s'engorge peu à peu et prend la grai
autant et plus que les autres organes. Les bou
lies dont on fait ces boulettes se composent, en
certains pays, avec de la farine d'orge et du lait;
en d'autres, elles consistent en farine de maïs;
il en est où on leur donne le maïs en grains
bouillis et tièdes. Tous ces procédés sont bons.
Mais, pour obtenir le foie gras, il est nécessaire
d'empâter le canard, de le *suffoquer* à demi avec
des bouillies très-nutritives et abondantes.

Au bout de trois semaines, l'engraissement est
complet. Alors, les bouts des ailes du canard

essent quelquefois de croiser et sa queue s'é-
carte et fait l'éventail ; elle ne peut plus se réunir,
tant le bourrelet de graisse où les plumes sont
implantées est grossi et tendu. En cet état, le
canard ne peut qu'à grand'peine se tenir debout.
Il faut terminer son existence, car cette diathèse
graisseuse est un état maladif qui, à chaque
instant, menace de dégénérer en un travail de
décomposition mortel. Et ce que nous disons ici
du canard s'applique aux poulets et dindonneaux et surtout à l'oie.

Le duvet du canard est aussi recherché que
celui de l'oie, sa chair l'est davantage. Son foie
gras entre souvent et avec avantage dans les
pâtés de foies d'oie. On en confectionne des terrines fort recherchées des gourmets. L'engraissement du canard élève son prix de 3 fr. à 6 et
8 fr. Le foie gras entre seul pour 3 fr. dans cette
somme, et, pour obtenir cet accroissement dans
le prix du canard, il n'en coûte qu'un décalitre de
maïs ou l'équivalent, c'est-à-dire 1 fr. 25 à
1 fr. 50 c., avec 1 fr. de lait et de substance
graisseuse. Voyez, quant à l'arôme et à la saveur
qu'on peut leur communiquer, ce que nous avons
dit pour l'engrais des élèves *poules*.

CONCLUSION,

Ainsi donc : avec peu d'avances et beaucoup
de soins, le petit propriétaire, le pauvre fermier
peuvent se procurer de l'aisance. Acheter un
cochon, des moutons, une vache, pour en tirer
parti par l'engraissement ou de toute autre manière, c'est risquer beaucoup pour de petites
bourses ; le cochon, la vache, etc., peuvent
mourir ; voilà des pertes considérables, irrépa-
rables quelquefois. Mais quelle est la mise de
fonds pour les élèves de basse-cour ? Les soins
et le temps de l'indigent ! Enfants et vieillards,
tous trouvent à s'occuper ; la famille du pauvre
n'a plus besoin de se disperser, l'union et le
travail en commun lui apportent la joie et le
bonheur ; elle vit indépendante et calme sous le
regard paternel de Dieu.

TABLE DES MATIÈRES.

Paris. — Imprimerie de E. DONNAUD, rue Cassette, 9.